高専テキストシリーズ

線形代数問題集［第2版］

上野 健爾 監修
高専の数学教材研究会 編

森北出版

まえがき

本書は，高専テキストシリーズの『線形代数（第 2 版）』に準拠した問題集である．各節は，［**まとめ**］に続いて，問題を難易度別に配置した．詳しい構成は，下記のとおりである．

まとめ　いくつかの要項

原則的に，教科書『線形代数（第 2 版）』にある枠で囲まれた定義や定理，公式に対応したものである．ここに書かれていることは，問題を解いていくうえで必要不可欠であるので，しっかりと理解してほしい．

A 問題　教科書の問レベル

教科書の本文中の問に準拠してあり，問だけでは足りない分を補う役割を果たしている．これらの問題が解ければ，これ以後の学習に必要な内容が修得できるように配慮してある．

B 問題　教科書の練習問題および定期試験レベル

教科書で割愛された典型的な問題も，この中に例題として収録し，直後にその理解のための問題をおいている．また，問題を解く上で必要な［**まとめ**］の内容や関連する［**A**］の問題などを参照できるように，要項番号および問題番号を［→］で示している．

C 問題　大学編入試験問題レベル

過去の入試問題を参考にして，何が問われているかを吟味した上で，それに特化した問題に作り替えたものである．基礎的な問題から応用問題まで，その難易度は幅広いが，ぜひチャレンジしてほしい．

解　答

全問に解答をつけた．とくに［**B**］，［**C**］問題の解答はできるだけ詳しく，その道筋がわかるように示した．

数学は，自らが考え問題を解くことによって理解が深まるものである．本書を活用することで，自分で考える習慣を身につけ，『線形代数（第 2 版）』で学習する内容の理解をより確実なものにしてほしい．また，大学編入試験対策にも役立つことを願っている．

2021 年 12 月

高専テキストシリーズ 執筆者一同

目　次

第1章　ベクトルと図形
1　ベクトル …… 1
2　ベクトルと図形 …… 14

第2章　行列と行列式
3　行　列 …… 27
4　行列式 …… 38
5　基本変形とその応用 …… 50

第3章　線形変換と固有値
6　線形変換 …… 60
7　正方行列の固有値と対角化 …… 67

付録A　ベクトル空間

付録B　補　遺　79

解　答
第1章　ベクトルと図形 …… 81
第2章　行列と行列式 …… 92
第3章　線形変換と固有値 …… 106
付録A　ベクトル空間 …… 118
付録B　補遺 …… 121

Chapter 1

ベクトルと図形

1 ベクトル

まとめ

1.1 ベクトル 平面または空間の 2 点 A, B に対して，A から B へ，という向きが定められた線分を**有向線分** AB という．点 A を**始点**，点 B を**終点**という．平行移動によって重ね合わせることができる有向線分をすべて等しいものとしたとき，これを**ベクトル**という．ベクトルは $\overrightarrow{\mathrm{AB}}$, $\boldsymbol{a}$ などで表す．$\overrightarrow{\mathrm{AB}}$ と $\overrightarrow{\mathrm{CD}}$ が等しいことを，$\overrightarrow{\mathrm{AB}} = \overrightarrow{\mathrm{CD}}$ と表す．

1.2 ベクトルの向きと大きさ ベクトルの**大きさ**は $|\boldsymbol{a}|$ や $|\overrightarrow{\mathrm{AB}}|$ などで表す．大きさが 0 のベクトルを**零ベクトル**といい，$\boldsymbol{0}$ で表す．$\boldsymbol{a}$ と大きさが同じで向きが逆のベクトルを $\boldsymbol{a}$ の**逆ベクトル**といい，$-\boldsymbol{a}$ で表す．

1.3 ベクトルの実数倍 実数 t とベクトル $\boldsymbol{a}$ に対して，ベクトル $t\boldsymbol{a}$ を

$t > 0$ のとき，$\boldsymbol{a}$ と同じ向きで，大きさが $|\boldsymbol{a}|$ の t 倍であるベクトル

$t = 0$ のとき，零ベクトル $\boldsymbol{0}$

$t < 0$ のとき，$\boldsymbol{a}$ と逆の向きで，大きさが $|\boldsymbol{a}|$ の $|t|$ 倍であるベクトル

として定め，これを $\boldsymbol{a}$ の**実数倍**または**スカラー倍**という．とくに，$(-1)\boldsymbol{a} = -\boldsymbol{a}$ であり，$|t\boldsymbol{a}| = |t||\boldsymbol{a}|$ が成り立つ．

1.4 ベクトルの平行 零ベクトルでない 2 つのベクトル $\boldsymbol{a}, \boldsymbol{b}$ が同じ向き，または，逆向きであるとき，$\boldsymbol{a}$ と $\boldsymbol{b}$ は互いに**平行**であるといい，$\boldsymbol{a} /\!/ \boldsymbol{b}$ と表す．

1.5 ベクトルの平行条件 $\boldsymbol{a} \neq \boldsymbol{0}, \boldsymbol{b} \neq \boldsymbol{0}$ のとき

$$\boldsymbol{a} /\!/ \boldsymbol{b} \iff \boldsymbol{b} = t\boldsymbol{a} \text{ となる実数 } t\ (t \neq 0) \text{ が存在する}$$

1.6 単位ベクトル 大きさが 1 のベクトルを**単位ベクトル**という．

$\boldsymbol{a} \neq \boldsymbol{0}$ のとき，$\dfrac{1}{|\boldsymbol{a}|}\boldsymbol{a}$ は $\boldsymbol{a}$ と同じ向きの単位ベクトルである．

1.7 ベクトルの和と差　2 つのベクトル $\boldsymbol{a}=\overrightarrow{\mathrm{OA}}$, $\boldsymbol{b}=\overrightarrow{\mathrm{OB}}$ の**和** $\boldsymbol{a}+\boldsymbol{b}$ は，$\boldsymbol{a}$ と $\boldsymbol{b}$ を 2 辺とする平行四辺形 OACB を作るとき，その対角線 $\overrightarrow{\mathrm{OC}}$ として定める．また，**差** $\boldsymbol{a}-\boldsymbol{b}$ を，$\boldsymbol{a}-\boldsymbol{b}=\boldsymbol{a}+(-\boldsymbol{b})$ として定める．

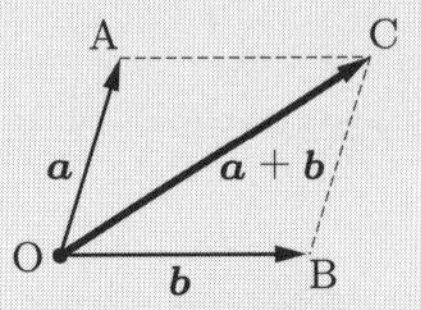

ベクトルの和

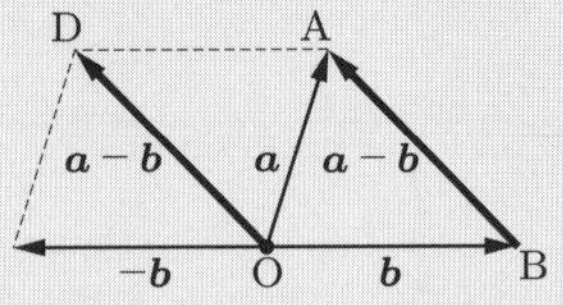

ベクトルの差

1.8 2 点を結ぶベクトル　$\boldsymbol{a}=\overrightarrow{\mathrm{OA}}$, $\boldsymbol{b}=\overrightarrow{\mathrm{OB}}$ に対して，次が成り立つ．

$$\overrightarrow{\mathrm{BA}}=\overrightarrow{\mathrm{OA}}-\overrightarrow{\mathrm{OB}}=\boldsymbol{a}-\boldsymbol{b}$$

1.9 ベクトルの演算の基本法則　ベクトル $\boldsymbol{a}, \boldsymbol{b}, \boldsymbol{c}$ と実数 s, t について，次が成り立つ．

(1) 交換法則：$\boldsymbol{a}+\boldsymbol{b}=\boldsymbol{b}+\boldsymbol{a}$

(2) 結合法則：$(\boldsymbol{a}+\boldsymbol{b})+\boldsymbol{c}=\boldsymbol{a}+(\boldsymbol{b}+\boldsymbol{c}),\quad s(t\boldsymbol{a})=(st)\boldsymbol{a}$

(3) 分配法則：$t(\boldsymbol{a}+\boldsymbol{b})=t\boldsymbol{a}+t\boldsymbol{b},\quad (s+t)\boldsymbol{a}=s\boldsymbol{a}+t\boldsymbol{a}$

(4) 零ベクトルの性質：$\boldsymbol{a}+\boldsymbol{0}=\boldsymbol{0}+\boldsymbol{a}=\boldsymbol{a},\quad 0\boldsymbol{a}=\boldsymbol{0},\quad t\boldsymbol{0}=\boldsymbol{0}$

(5) 逆ベクトルの性質：$\boldsymbol{a}+(-\boldsymbol{a})=(-\boldsymbol{a})+\boldsymbol{a}=\boldsymbol{0}$

1.10 位置ベクトル　平面または空間の 1 点 O を定めるとき，任意の点 P に対してベクトル $\boldsymbol{p}=\overrightarrow{\mathrm{OP}}$ を点 O に関する点 P の**位置ベクトル**という．

1.11 内分点の位置ベクトル　2 点 A, B の位置ベクトルをそれぞれ $\boldsymbol{a}, \boldsymbol{b}$ とする．線分 AB を $m:n$ に内分する点を P とするとき，A, B, P の位置ベクトルをそれぞれ $\boldsymbol{a}, \boldsymbol{b}, \boldsymbol{p}$ とすると，$\boldsymbol{p}=\dfrac{n\boldsymbol{a}+m\boldsymbol{b}}{m+n}$ が成り立つ．

1.12 2 点間の距離　(1) 座標平面上の 2 点 $\mathrm{A}(a_1,a_2)$, $\mathrm{B}(b_1,b_2)$ の間の距離は，

$$\mathrm{AB}=\sqrt{(b_1-a_1)^2+(b_2-a_2)^2}$$

である．とくに，原点 O と点 $\mathrm{A}(a_1,a_2)$ の距離は，$\mathrm{OA}=\sqrt{{a_1}^2+{a_2}^2}$ である．

(2) 座標空間の 2 点 $\mathrm{A}(a_1,a_2,a_3)$, $\mathrm{B}(b_1,b_2,b_3)$ の間の距離は，

$$\mathrm{AB}=\sqrt{(b_1-a_1)^2+(b_2-a_2)^2+(b_3-a_3)^2}$$

である．とくに，原点 O と点 $\mathrm{A}(a_1,a_2,a_3)$ の距離は，$\mathrm{OA}=\sqrt{{a_1}^2+{a_2}^2+{a_3}^2}$ である．

1.13 **ベクトルの成分** 座標軸方向の単位ベクトルを**基本ベクトル**という．

(1) 座標平面のベクトルを**平面ベクトル**または**2 次元ベクトル**という．座標平面の基本ベクトルを $\boldsymbol{e}_1, \boldsymbol{e}_2$ とするとき，$\boldsymbol{a} = a_1\boldsymbol{e}_1 + a_2\boldsymbol{e}_2$ を $\boldsymbol{a} = \begin{pmatrix} a_1 \\ a_2 \end{pmatrix}$ と表し，$\boldsymbol{a}$ の**成分表示**という．a_1, a_2 をそれぞれ $\boldsymbol{a}$ の **$\boldsymbol{x}$ 成分**，**$\boldsymbol{y}$ 成分**という．

(2) 座標空間のベクトルを**空間ベクトル**または**3 次元ベクトル**という．座標空間の基本ベクトルを $\boldsymbol{e}_1, \boldsymbol{e}_2, \boldsymbol{e}_3$ とするとき，$\boldsymbol{a} = a_1\boldsymbol{e}_1 + a_2\boldsymbol{e}_2 + a_3\boldsymbol{e}_3$ を $\boldsymbol{a} = \begin{pmatrix} a_1 \\ a_2 \\ a_3 \end{pmatrix}$ と表し，$\boldsymbol{a}$ の**成分表示**という．$\boldsymbol{a}_1, \boldsymbol{a}_2, \boldsymbol{a}_3$ をそれぞれ $\boldsymbol{a}$ の **$\boldsymbol{x}$ 成分**，**$\boldsymbol{y}$ 成分**，**$\boldsymbol{z}$ 成分**という．

1.14 **ベクトルの和・差，実数倍の成分表示** t を実数とするとき，次が成り立つ．ただし，複号同順とする．

(1) $\begin{pmatrix} a_1 \\ a_2 \end{pmatrix} \pm \begin{pmatrix} b_1 \\ b_2 \end{pmatrix} = \begin{pmatrix} a_1 \pm b_1 \\ a_2 \pm b_2 \end{pmatrix}, \quad t\begin{pmatrix} a_1 \\ a_2 \end{pmatrix} = \begin{pmatrix} ta_1 \\ ta_2 \end{pmatrix}$

(2) $\begin{pmatrix} a_1 \\ a_2 \\ a_3 \end{pmatrix} \pm \begin{pmatrix} b_1 \\ b_2 \\ b_3 \end{pmatrix} = \begin{pmatrix} a_1 \pm b_1 \\ a_2 \pm b_2 \\ a_3 \pm b_3 \end{pmatrix}, \quad t\begin{pmatrix} a_1 \\ a_2 \\ a_3 \end{pmatrix} = \begin{pmatrix} ta_1 \\ ta_2 \\ ta_3 \end{pmatrix}$

1.15 **ベクトルの大きさ** ベクトルの大きさは次のようになる．

(1) $\boldsymbol{a} = \begin{pmatrix} a_1 \\ a_2 \end{pmatrix}$ のとき $|\boldsymbol{a}| = \sqrt{{a_1}^2 + {a_2}^2}$

(2) $\boldsymbol{a} = \begin{pmatrix} a_1 \\ a_2 \\ a_3 \end{pmatrix}$ のとき $|\boldsymbol{a}| = \sqrt{{a_1}^2 + {a_2}^2 + {a_3}^2}$

1.16 **方向ベクトルによる直線のベクトル方程式** 直線に平行なベクトルを直線の**方向ベクトル**という．点 A を通り，方向ベクトルが $\boldsymbol{v}$ $(\boldsymbol{v} \neq \boldsymbol{0})$ である直線のベクトル方程式は，

$$\boldsymbol{p} = \boldsymbol{a} + t\boldsymbol{v}$$

である．ここで，$\boldsymbol{a}$ は点 A の位置ベクトル，t は**媒介変数**である．

1.17 直線の方程式　媒介変数を t とする．

(1) 座標平面において，点 A (a_1, a_2) を通り，方向ベクトルが $\boldsymbol{v} = \begin{pmatrix} v_1 \\ v_2 \end{pmatrix}$ である直線を表すには，3 つの表し方がある．

(i) **ベクトル方程式**

$$\begin{pmatrix} x \\ y \end{pmatrix} = \begin{pmatrix} a_1 \\ a_2 \end{pmatrix} + t \begin{pmatrix} v_1 \\ v_2 \end{pmatrix}$$

(ii) **媒介変数表示**

$$\begin{cases} x = a_1 + tv_1 \\ y = a_2 + tv_2 \end{cases}$$

(iii) **媒介変数を消去した方程式**　$v_1 \neq 0, v_2 \neq 0$ のとき，

$$\frac{x - a_1}{v_1} = \frac{y - a_2}{v_2}$$

(2) 座標空間において，点 A(a_1, a_2, a_3) を通り，方向ベクトルが $\boldsymbol{v} = \begin{pmatrix} v_1 \\ v_2 \\ v_3 \end{pmatrix}$ である直線を表すには，3 つの表し方がある．

(i) **ベクトル方程式**

$$\begin{pmatrix} x \\ y \\ z \end{pmatrix} = \begin{pmatrix} a_1 \\ a_2 \\ a_3 \end{pmatrix} + t \begin{pmatrix} v_1 \\ v_2 \\ v_3 \end{pmatrix}$$

(ii) **媒介変数表示**

$$\begin{cases} x = a_1 + tv_1 \\ y = a_2 + tv_2 \\ z = a_3 + tv_3 \end{cases}$$

(iii) **媒介変数を消去した方程式**　$v_1 \neq 0, v_2 \neq 0, v_3 \neq 0$ のとき，

$$\frac{x - a_1}{v_1} = \frac{y - a_2}{v_2} = \frac{z - a_3}{v_3}$$

A

Q1.1 右図の正六角形 ABCDEF において，次のベクトルをすべて求めよ．

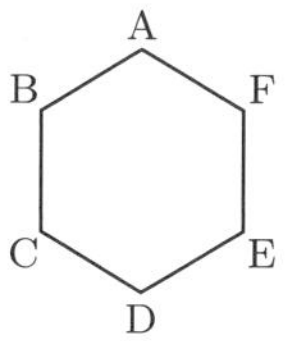

(1) $\overrightarrow{\mathrm{AE}}$ と等しいベクトル

(2) $\overrightarrow{\mathrm{AE}}$ の逆ベクトル

(3) $\overrightarrow{\mathrm{AD}}$ と大きさが等しいベクトル

Q1.2 右図の直方体 ABCD-EFGH において，次のベクトルをすべて求めよ．

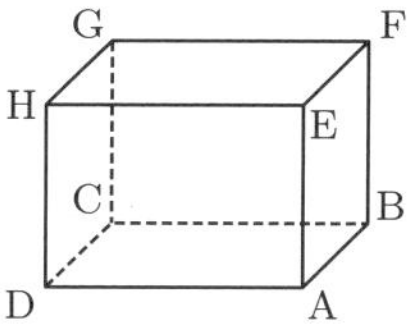

(1) $\overrightarrow{\mathrm{AC}}$ と等しいベクトル

(2) $\overrightarrow{\mathrm{AB}}$ の逆ベクトル

(3) $\overrightarrow{\mathrm{AF}}$ と大きさが同じベクトル

Q1.3 次のようなベクトルを求めよ．

(1) $\boldsymbol{a}$ が単位ベクトルのとき，$\boldsymbol{a}$ と平行で大きさが 3 のベクトル

(2) $|\boldsymbol{a}| = 3$ のとき，$\boldsymbol{a}$ と同じ向きで大きさが 10 のベクトル

(3) $|\boldsymbol{a}| = 4$ のとき，$\boldsymbol{a}$ と逆向きの単位ベクトル

(4) $|\boldsymbol{a}| = \dfrac{1}{3}$ のとき，$\boldsymbol{a}$ と同じ向きで大きさが $\dfrac{1}{2}$ のベクトル

Q1.4 右図のようなベクトル $\boldsymbol{a}, \boldsymbol{b}$ に対して，次のベクトルを作図せよ．

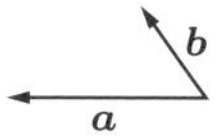

(1) $2\boldsymbol{a}$　　(2) $-2\boldsymbol{b}$　　(3) $\boldsymbol{a}+\boldsymbol{b}$

(4) $\boldsymbol{b}-\boldsymbol{a}$　　(5) $3\boldsymbol{a}+2\boldsymbol{b}$　　(6) $\dfrac{1}{2}\boldsymbol{a}-2\boldsymbol{b}$

Q1.5 右図の直方体 ABCD-EFGH で，$\boldsymbol{a} = \overrightarrow{\mathrm{AD}}$, $\boldsymbol{b} = \overrightarrow{\mathrm{AB}}$, $\boldsymbol{c} = \overrightarrow{\mathrm{AE}}$ とするとき，次のベクトルと等しいベクトルをすべて求めよ．

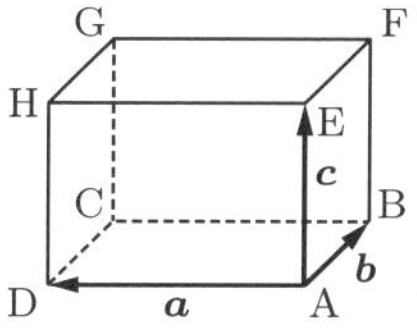

(1) $\boldsymbol{a}+\boldsymbol{b}$　　(2) $\boldsymbol{b}-\boldsymbol{c}$　　(3) $\boldsymbol{c}-\boldsymbol{a}$

(4) $\boldsymbol{a}+\boldsymbol{b}+\boldsymbol{c}$　　(5) $\boldsymbol{a}+(\boldsymbol{b}-\boldsymbol{c})$　　(6) $(\boldsymbol{a}-\boldsymbol{b})+\boldsymbol{c}$

Q1.6 $\boldsymbol{x} = 3\boldsymbol{a}+2\boldsymbol{b}$, $\boldsymbol{y} = 4\boldsymbol{a}-\boldsymbol{b}$ のとき，次のベクトルを $\boldsymbol{a}, \boldsymbol{b}$ を用いて表せ．

(1) $2\boldsymbol{x}+3\boldsymbol{y}$　　(2) $\boldsymbol{y}-4\boldsymbol{x}$　　(3) $\dfrac{2}{3}\boldsymbol{x}+\dfrac{3}{2}\boldsymbol{y}$

Q1.7 2 点 A, B の位置ベクトルをそれぞれ $\boldsymbol{a}, \boldsymbol{b}$ とするとき，線分 AB を次のように内分する点の位置ベクトルを，$\boldsymbol{a}, \boldsymbol{b}$ を用いて表せ．

(1) $3:2$　　(2) $5:3$　　(3) $3:5$

Q1.8　次の図のベクトル $\boldsymbol{a}$ を，直線 ℓ_1, ℓ_2 方向のベクトル $\boldsymbol{a}_1, \boldsymbol{a}_2$ に分解し，$\boldsymbol{a}_1, \boldsymbol{a}_2$ を作図せよ．

(1)
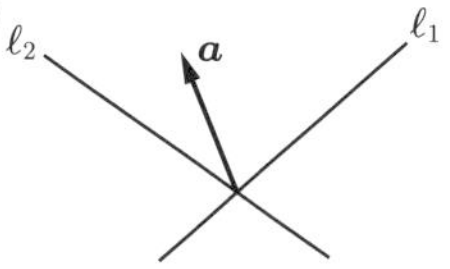

(2)
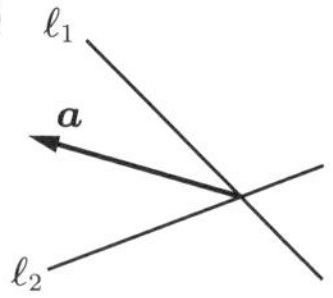

Q1.9　A(2, 1), B(−2, −2), C(4, −6) に対して，次の 2 点間の距離を求めよ．ただし，原点を O とする．

(1) AB　　(2) BC　　(3) OB

Q1.10　A(2, −3, 4) に対して，次の点の座標を求めよ．

(1) 点 A を通り，yz 平面に平行な平面が x 軸と交わる点 B

(2) 点 A を通り，xz 平面に平行な平面が y 軸と交わる点 C

(3) 点 A を通り，yz 平面に垂直な直線が yz 平面と交わる点 D

(4) 点 A を通り，zx 平面に垂直な直線が zx 平面と交わる点 E

Q1.11　A(−1, 3, 4), B(0, 2, −2), C(3, −1, −1) に対して，次の 2 点間の距離を求めよ．ただし，原点を O とする．

(1) AB　　(2) BC　　(3) OB

Q1.12　次の図において，各ベクトルの成分表示を求めよ．ただし，1 目盛は 1 とする．

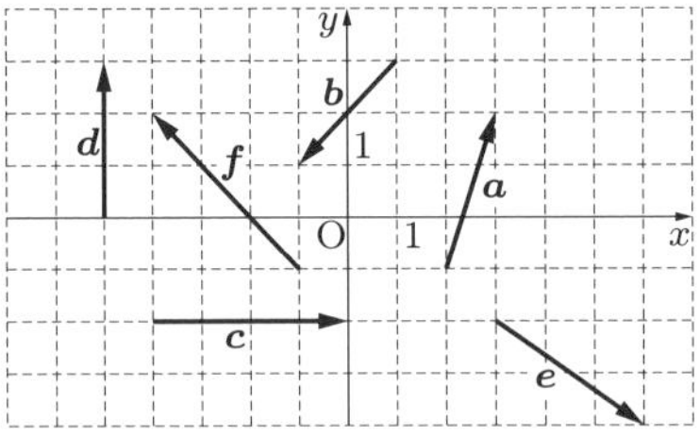

Q1.13　$\boldsymbol{a} = \begin{pmatrix} -3 \\ 4 \end{pmatrix}, \boldsymbol{b} = \begin{pmatrix} 2 \\ 5 \end{pmatrix}$ であるとき，次のベクトルの成分表示を求めよ．

(1) $2\boldsymbol{a} - 3\boldsymbol{b}$　　(2) $\dfrac{1}{2}\boldsymbol{a} + \dfrac{1}{3}\boldsymbol{b}$

Q1.14　次のベクトルの成分表示を求めよ．

(1) A(−3, 1), B(2, 5) のとき，$\overrightarrow{\mathrm{AB}}$

(2) A(−1, −1), B(4, −7) のとき，$\overrightarrow{\mathrm{BA}}$

(3) A(1, 0, −3), B(−2, 4, 0) のとき，$\overrightarrow{\mathrm{AB}}$

(4) A(5, 6, 1), B(0, −1, 1) のとき，$\overrightarrow{\mathrm{BA}}$

Q1.15 $\boldsymbol{a} = \begin{pmatrix} 2 \\ 3 \\ -5 \end{pmatrix}, \boldsymbol{b} = \begin{pmatrix} -1 \\ 2 \\ 3 \end{pmatrix}, \boldsymbol{c} = \begin{pmatrix} 4 \\ 1 \\ 0 \end{pmatrix}$ であるとき，次のベクトルの成分表示を求めよ．

(1) $3\boldsymbol{a} + 2\boldsymbol{b}$　(2) $\boldsymbol{a} - 3\boldsymbol{b}$　(3) $-\boldsymbol{a} + \boldsymbol{b} - 2\boldsymbol{c}$

Q1.16 $\boldsymbol{a} = \begin{pmatrix} 1 \\ 3 \end{pmatrix}, \boldsymbol{b} = \begin{pmatrix} 4 \\ -2 \end{pmatrix}, \boldsymbol{c} = \begin{pmatrix} -1 \\ 0 \end{pmatrix}$ であるとき，次のベクトルの大きさを求めよ．

(1) $\boldsymbol{b} - \boldsymbol{a}$　(2) $\boldsymbol{c} - \boldsymbol{b}$　(3) $\boldsymbol{a} - \boldsymbol{c}$

Q1.17 $\mathrm{P}(2, 3, -5)$, $\mathrm{Q}(-1, 2, 3)$ のとき，次のベクトルの大きさを求めよ．ただし，原点を O とする．

(1) $\overrightarrow{\mathrm{OP}}$　(2) $\overrightarrow{\mathrm{OQ}}$　(3) $\overrightarrow{\mathrm{PQ}}$

Q1.18 次のベクトル $\boldsymbol{a}, \boldsymbol{b}$ が互いに平行であるとき，実数 k, k_1, k_2 の値を求めよ．

(1) $\boldsymbol{a} = \begin{pmatrix} -2 \\ k \end{pmatrix}, \boldsymbol{b} = \begin{pmatrix} 1 \\ 3 \end{pmatrix}$　(2) $\boldsymbol{a} = \begin{pmatrix} k+1 \\ -2 \end{pmatrix}, \boldsymbol{b} = \begin{pmatrix} 3 \\ -k \end{pmatrix}$

(3) $\boldsymbol{a} = \begin{pmatrix} -2 \\ 4 \\ k_1 + 2k_2 \end{pmatrix}, \ \boldsymbol{b} = \begin{pmatrix} 1 \\ 2k_1 - k_2 \\ 3 \end{pmatrix}$　(4) $\boldsymbol{a} = \begin{pmatrix} k_1 - k_2 \\ 2 \\ 1 \end{pmatrix}, \ \boldsymbol{b} = \begin{pmatrix} 0 \\ 3 \\ k_1 + k_2 \end{pmatrix}$

Q1.19 次の点 A を通り，$\boldsymbol{v}$ を方向ベクトルとする直線のベクトル方程式，媒介変数表示，媒介変数を消去した方程式を求めよ．

(1) $\mathrm{A}(1, -2), \quad \boldsymbol{v} = \begin{pmatrix} 2 \\ -1 \end{pmatrix}$　(2) $\mathrm{A}(1, -3), \quad \boldsymbol{v} = \begin{pmatrix} 3 \\ 5 \end{pmatrix}$

(3) $\mathrm{A}(3, 2, 1), \quad \boldsymbol{v} = \begin{pmatrix} -2 \\ 2 \\ 3 \end{pmatrix}$　(4) $\mathrm{A}(-1, 2, 1), \quad \boldsymbol{v} = \begin{pmatrix} -2 \\ -1 \\ 1 \end{pmatrix}$

Q1.20 次の 2 点を通る直線の方程式を求めよ．

(1) $\mathrm{A}(1, 2)$, $\mathrm{B}(2, -3)$　(2) $\mathrm{A}(-2, 3)$, $\mathrm{B}(3, 1)$

(3) $\mathrm{A}(1, -4, 2)$, $\mathrm{B}(3, -1, -3)$　(4) $\mathrm{A}(2, 4, 3)$, $\mathrm{B}(3, 2, 1)$

(5) $\mathrm{A}(2, 4, 3)$, $\mathrm{B}(3, 2, 3)$　(6) $\mathrm{A}(2, 0, 3)$, $\mathrm{B}(2, 1, -1)$

B

Q1.21　右図のように，長方形 ABCD において，$\overrightarrow{\mathrm{AB}}=\boldsymbol{a}$, $\overrightarrow{\mathrm{AD}}=\boldsymbol{b}$ とおく．$|\boldsymbol{a}|=3$, $|\boldsymbol{b}|=2$ であるとき，次のベクトルと同じ向きの単位ベクトルを，$\boldsymbol{a}$, $\boldsymbol{b}$ を用いて表せ．　→ **まとめ 1.6, Q1.3**

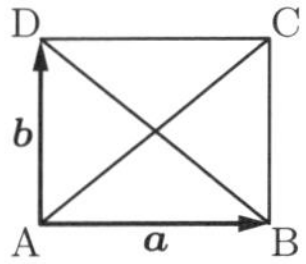

(1) $\overrightarrow{\mathrm{AC}}$　　(2) $\overrightarrow{\mathrm{BD}}$

Q1.22　正方形 OABC について，$\boldsymbol{a}=\overrightarrow{\mathrm{OA}}$, $\boldsymbol{b}=\overrightarrow{\mathrm{OB}}$ とする．$|2\boldsymbol{b}-\boldsymbol{a}|=3$ であるとき，この正方形の 1 辺の長さを求めよ．　→ **まとめ 1.2, 1.7**

Q1.23　右図のように，平行四辺形 ABCD の辺 CD の中点を P とし，$\overrightarrow{\mathrm{PA}}=\boldsymbol{a}$, $\overrightarrow{\mathrm{PB}}=\boldsymbol{b}$ とするとき，次のベクトルを $\boldsymbol{a}$, $\boldsymbol{b}$ で表せ．　→ **まとめ 1.8**

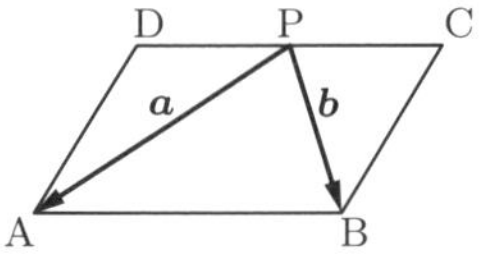

(1) $\overrightarrow{\mathrm{AB}}$　　(2) $\overrightarrow{\mathrm{PD}}$　　(3) $\overrightarrow{\mathrm{AD}}$　　(4) $\overrightarrow{\mathrm{AC}}$

Q1.24　右図のような直方体で，長方形 DEFG の対角線の交点を L，ODGC の対角線の交点を M，CGFB の対角線の交点を N とする．$\boldsymbol{a}=\overrightarrow{\mathrm{OC}}$, $\boldsymbol{b}=\overrightarrow{\mathrm{OA}}$, $\boldsymbol{c}=\overrightarrow{\mathrm{OD}}$ とするとき，次の各点の点 O に関する位置ベクトルを $\boldsymbol{a}, \boldsymbol{b}, \boldsymbol{c}$ を用いて表せ．　→ **まとめ 1.10, 1.11, Q1.5**

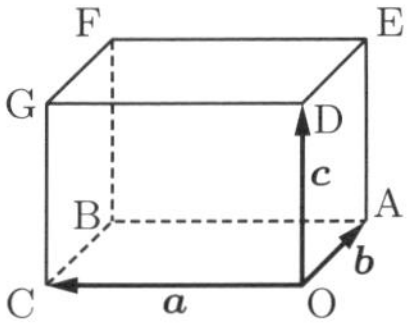

(1) B　　(2) E　　(3) F　　(4) L　　(5) M　　(6) N

Q1.25　3 点 A, B, C について，線分 BC の中点を M，線分 AB を 3 : 4 に内分する点を N とする．点 A, B, C の位置ベクトルをそれぞれ $\boldsymbol{a}$, $\boldsymbol{b}$, $\boldsymbol{c}$ とするとき，次の点の位置ベクトルを $\boldsymbol{a}$, $\boldsymbol{b}$, $\boldsymbol{c}$ で表せ．　→ **まとめ 1.11, Q1.8**

(1) 線分 AM を 3 : 2 に内分する点 P　　(2) 線分 CN を 7 : 3 に内分する点 Q

例題 1.1

△ABC の 3 辺 BC, CA, AB の中点をそれぞれ D, E, F とするとき，3 つの線分 AD, BE, CF は 1 点 G で交わり，

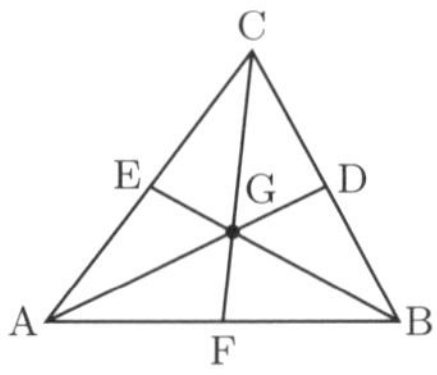

$$\mathrm{AG}:\mathrm{GD}=\mathrm{BG}:\mathrm{GE}=\mathrm{CG}:\mathrm{GF}=2:1$$

が成り立つ．点 G を △ABC の**重心**という．

3 点 A, B, C の位置ベクトルをそれぞれ $\boldsymbol{a}$, $\boldsymbol{b}$, $\boldsymbol{c}$ とするとき，点 G の位置ベクトルが $\dfrac{1}{3}(\boldsymbol{a}+\boldsymbol{b}+\boldsymbol{c})$ であることを示せ．

解 点 G, D の位置ベクトルをそれぞれ $\boldsymbol{g}$, $\boldsymbol{d}$ とすると，$\boldsymbol{d} = \dfrac{1}{2}(\boldsymbol{b}+\boldsymbol{c})$ であり，AG : GD = 2 : 1 であるから，

$$\boldsymbol{g} = \frac{\boldsymbol{a}+2\boldsymbol{d}}{2+1} = \frac{\boldsymbol{a}+2\cdot\dfrac{\boldsymbol{b}+\boldsymbol{c}}{2}}{3} = \frac{\boldsymbol{a}+\boldsymbol{b}+\boldsymbol{c}}{3}$$

となる．したがって，点 G の位置ベクトルは $\dfrac{1}{3}(\boldsymbol{a}+\boldsymbol{b}+\boldsymbol{c})$ である．

Q1.26 △ABC の辺 BC, CA, AB を $m:n$ に内分する点をそれぞれ D, E, F とする．A, B, C の位置ベクトルをそれぞれ $\boldsymbol{a}$, $\boldsymbol{b}$, $\boldsymbol{c}$ とするとき，次の問いに答えよ．

(1) $\overrightarrow{\mathrm{AD}}+\overrightarrow{\mathrm{BE}}+\overrightarrow{\mathrm{CF}}=\boldsymbol{0}$ であることを示せ．

(2) △DEF の重心の位置ベクトルを，$\boldsymbol{a}$, $\boldsymbol{b}$, $\boldsymbol{c}$ を用いて表せ．

Q1.27 右図のような三角錐 O-ABC において，$\boldsymbol{a}=\overrightarrow{\mathrm{OA}}$, $\boldsymbol{b}=\overrightarrow{\mathrm{OB}}$, $\boldsymbol{c}=\overrightarrow{\mathrm{OC}}$ とするとき，次の点の位置ベクトルを $\boldsymbol{a}, \boldsymbol{b}, \boldsymbol{c}$ を用いて表せ．

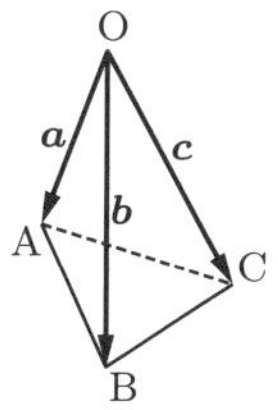

(1) △OAB の重心 G　　(2) △OBC の重心 H

(3) △OAC の重心 I　　(4) △GHI の重心 J

Q1.28 △ ABC の辺 AB の中点を M，線分 MC の中点を D とし，辺 BC を 2 : 1 に内分する点を E とする．$\overrightarrow{\mathrm{AB}}=\boldsymbol{b}$, $\overrightarrow{\mathrm{AC}}=\boldsymbol{c}$ とするとき，次の問いに答えよ．

→ まとめ 1.5, 1.11

(1) $\overrightarrow{\mathrm{AD}}$ を $\boldsymbol{b}$ と $\boldsymbol{c}$ を用いて表せ．

(2) 3 点 A, D, E は同一直線上にあることを示せ．

Q1.29 点 A(2, −1), B(−1, 4), C(x, 3), D(1, y) について，次の条件を満たすような x, y の値を求めよ．

→ まとめ 1.5, 1.14

(1) 3 点 A, B, C が同一直線上にある．

(2) 四角形 ABCD は平行四辺形である．

例題 1.2

2 点 A, B を結ぶ直線上において，線分 AB の外側で AP : BP $= m:n$ $(m \neq n)$ となる点 P を，AB を $m:n$ に**外分**する点という．A, B, P の位置ベクトルをそれぞれ $\boldsymbol{a}$, $\boldsymbol{b}$, $\boldsymbol{p}$ とするとき，$\boldsymbol{p}=\dfrac{-n\boldsymbol{a}+m\boldsymbol{b}}{m-n}$ であることを証明せよ．

解 原点を O とする．$m > n$ のとき，下の左図のように $\mathrm{AP} : \mathrm{AB} = m : (m - n)$ であるから，

$$\begin{aligned}\boldsymbol{p} &= \overrightarrow{\mathrm{OP}} \\ &= \overrightarrow{\mathrm{OA}} + \overrightarrow{\mathrm{AP}} = \overrightarrow{\mathrm{OA}} + \frac{m}{m-n}\overrightarrow{\mathrm{AB}} = \boldsymbol{a} + \frac{m}{m-n}(\boldsymbol{b} - \boldsymbol{a}) = \frac{-n\boldsymbol{a} + m\boldsymbol{b}}{m-n}\end{aligned}$$

となる．$m < n$ のとき，下の右図のように $\mathrm{BP} : \mathrm{BA} = n : (n - m)$ であるから，

$$\begin{aligned}\boldsymbol{p} &= \overrightarrow{\mathrm{OP}} \\ &= \overrightarrow{\mathrm{OB}} + \overrightarrow{\mathrm{BP}} = \overrightarrow{\mathrm{OB}} + \frac{n}{n-m}\overrightarrow{\mathrm{BA}} = \boldsymbol{b} + \frac{n}{n-m}(\boldsymbol{a} - \boldsymbol{b}) = \frac{n\boldsymbol{a} - m\boldsymbol{b}}{n-m} \\ &= \frac{-n\boldsymbol{a} + m\boldsymbol{b}}{m-n}\end{aligned}$$

となる．したがって，$m \neq n$ ならば

$$\boldsymbol{p} = \frac{-n\boldsymbol{a} + m\boldsymbol{b}}{m-n}$$

である．

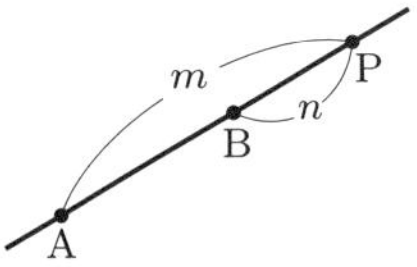

$m > n$の場合

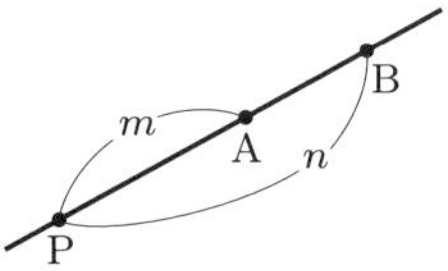

$m < n$の場合

Q1.30 点 A$(2, -1)$, B$(-1, 4)$ のとき，次の点の座標を求めよ．

(1) AB を $2 : 3$ の比に外分する点　　(2) BA を $3 : 1$ の比に外分する点

Q1.31 $\boldsymbol{a} = \begin{pmatrix} -2 \\ 3 \end{pmatrix}$, $\boldsymbol{b} = \begin{pmatrix} 1 \\ -2 \end{pmatrix}$ であるとき，次の等式を満たすベクトル $\boldsymbol{x}$, $\boldsymbol{y}$ を成分で表示せよ．

→ まとめ 1.14, Q1.13

(1) $\boldsymbol{x} + \boldsymbol{y} = 2\boldsymbol{a}$, $\boldsymbol{x} - \boldsymbol{y} = -2\boldsymbol{b}$　　(2) $2\boldsymbol{x} - 3\boldsymbol{y} = \boldsymbol{a} + \boldsymbol{b}$, $\boldsymbol{x} + 2\boldsymbol{y} = 3\boldsymbol{a} - \boldsymbol{b}$

Q1.32 $\boldsymbol{a} = \begin{pmatrix} 1 \\ -1 \end{pmatrix}$, $\boldsymbol{b} = \begin{pmatrix} 2 \\ 3 \end{pmatrix}$ とし $\boldsymbol{c} = t\boldsymbol{a} + \boldsymbol{b}$ とする．ただし，t は定数である．

→ まとめ 1.14, 1.15

(1) $\boldsymbol{c}$ を成分で表せ．

(2) $|\boldsymbol{c}|$ が最小となる t の値とその最小値を求めよ．

Q1.33 2点A, Bを通る直線のベクトル方程式は，A, Bの位置ベクトルをそれぞれ $\boldsymbol{a}, \boldsymbol{b}$，直線上の点Pの位置ベクトルを $\boldsymbol{p}$ として，$\boldsymbol{p} = \boldsymbol{a} + t(\boldsymbol{b} - \boldsymbol{a})$ と表される．点Pが次の位置にあるとき，対応する t の値を求めよ． → まとめ 1.16

(1) 点A　(2) 点B

(3) 線分ABの中点　(4) 線分ABを1 : 2に内分する点

Q1.34 平行四辺形OACBにおいて，$\overrightarrow{\mathrm{OA}} = \boldsymbol{a}, \overrightarrow{\mathrm{OB}} = \boldsymbol{b}$ とするとき，次の直線のベクトル方程式を求めよ．ただし，直線上の点の位置ベクトルを $\boldsymbol{p}$ とし，媒介変数を t とせよ． → まとめ 1.16

(1) 直線AB　(2) 直線OC

(3) 直線BC　(4) 点Cを通りABに平行な直線

Q1.35 直方体OABC-DEFGにおいて，$\boldsymbol{a} = \overrightarrow{\mathrm{OA}}, \boldsymbol{b} = \overrightarrow{\mathrm{OC}}, \boldsymbol{c} = \overrightarrow{\mathrm{OD}}$ とするとき，次の直線のベクトル方程式を求めよ．ただし，直線上の点の位置ベクトルを $\boldsymbol{p}$ とし，媒介変数を t とせよ． → まとめ 1.16

(1) 直線DF　(2) 直線EG　(3) 直線CE

Q1.36 次の直線の方程式を求めよ． → まとめ 1.17

(1) 点 $(3, 2, 1)$ を通り，直線 $\ell : \dfrac{x-1}{2} = \dfrac{y+1}{3} = z - 2$ と平行な直線

(2) 点 $(2, -3, -1)$ を通り，2点 $(3, -1, 4), (-2, 3, 1)$ を通る直線と平行な直線

例題 1.3

零ベクトルでない2つのベクトル $\boldsymbol{a}, \boldsymbol{b}$ が平行でないとき，次のことを示せ．

(1) $x\boldsymbol{a} + y\boldsymbol{b} = \boldsymbol{0}$ ならば $x = y = 0$ であること．

(2) $x\boldsymbol{a} + y\boldsymbol{b} = x'\boldsymbol{a} + y'\boldsymbol{b}$ ならば $x = x'$ かつ $y = y'$ であること．

解 (1) $x\boldsymbol{a} + y\boldsymbol{b} = \boldsymbol{0}$ とする．$x \neq 0$ であったとすると，$\boldsymbol{a} = -\dfrac{y}{x}\boldsymbol{b}$ となり，$\boldsymbol{a}$ と $\boldsymbol{b}$ は平行である．これは仮定に反するので，$x = 0$ でなければならない．このとき，$y\boldsymbol{b} = \boldsymbol{0}$ となり，$\boldsymbol{b} \neq \boldsymbol{0}$ であるから $y = 0$ となる．

(2) $x\boldsymbol{a} + y\boldsymbol{b} = x'\boldsymbol{a} + y'\boldsymbol{b}$ ならば，$(x - x')\boldsymbol{a} + (y - y')\boldsymbol{b} = \boldsymbol{0}$ となる．(1)の結果から，$x - x' = y - y' = 0$ であるから，$x = x'$ かつ $y = y'$ が得られる．

なお，例題1.3(1)の条件を満たすベクトル $\boldsymbol{a}, \boldsymbol{b}$ は線形独立であるという（まとめ5.10参照）．

例題 1.4

$\triangle$OAB について，$\overrightarrow{\mathrm{OA}} = \boldsymbol{a}$, $\overrightarrow{\mathrm{OB}} = \boldsymbol{b}$ とする．辺 AB の中点を M，OB を 2 : 3 に内分する点を P，線分 AP と線分 OM の交点を Q とするとき，次の問いに答えよ．

(1) OQ : QM $= t : (1-t)$ として，$\overrightarrow{\mathrm{OQ}}$ を t, $\boldsymbol{a}$, $\boldsymbol{b}$ を用いて表せ．

(2) AQ : QP $= s : (1-s)$ として，$\overrightarrow{\mathrm{OQ}}$ を s, $\boldsymbol{a}$, $\boldsymbol{b}$ を用いて表せ．

(3) $\overrightarrow{\mathrm{OQ}}$ を $\boldsymbol{a}$, $\boldsymbol{b}$ を用いて表せ．

解 (1) $\overrightarrow{\mathrm{OM}} = \dfrac{\boldsymbol{a}+\boldsymbol{b}}{2}$ より，$\overrightarrow{\mathrm{OQ}} = t\overrightarrow{\mathrm{OM}} = \dfrac{t}{2}\boldsymbol{a} + \dfrac{t}{2}\boldsymbol{b}$

(2) $\overrightarrow{\mathrm{OP}} = \dfrac{2}{5}\overrightarrow{\mathrm{OB}} = \dfrac{2}{5}\boldsymbol{b}$ より，$\overrightarrow{\mathrm{OQ}} = (1-s)\overrightarrow{\mathrm{OA}} + s\overrightarrow{\mathrm{OP}} = (1-s)\boldsymbol{a} + \dfrac{2s}{5}\boldsymbol{b}$

(3) (1), (2) の結果から，

$$\frac{t}{2}\boldsymbol{a} + \frac{t}{2}\boldsymbol{b} = (1-s)\boldsymbol{a} + \frac{2s}{5}\boldsymbol{b}$$

である．$\boldsymbol{a}$ と $\boldsymbol{b}$ は平行でないから，$\dfrac{t}{2} = 1-s$, $\dfrac{t}{2} = \dfrac{2s}{5}$ が成り立つ．これを解いて，$s = \dfrac{5}{7}$, $t = \dfrac{4}{7}$ となる．したがって，$\overrightarrow{\mathrm{OQ}} = \dfrac{2}{7}\boldsymbol{a} + \dfrac{2}{7}\boldsymbol{b}$ となる．

Q1.37 $\triangle$OAB において，辺 OA を 3 : 1 に内分する点を C，辺 OB の中点を D とし，線分 AD と線分 BC の交点を P とする．$\overrightarrow{\mathrm{OA}} = \boldsymbol{a}$, $\overrightarrow{\mathrm{OB}} = \boldsymbol{b}$ とするとき，$\overrightarrow{\mathrm{OP}}$ を $\boldsymbol{a}$, $\boldsymbol{b}$ で表せ．

Q1.38 平行四辺形 OACB において，辺 BC の中点を M，辺 AC の中点を N，線分 OM と線分 BN の交点を P とする．$\overrightarrow{\mathrm{OA}} = \boldsymbol{a}$, $\overrightarrow{\mathrm{OB}} = \boldsymbol{b}$ とするとき，次の問いに答えよ．

(1) $\overrightarrow{\mathrm{OM}}$, $\overrightarrow{\mathrm{ON}}$ をそれぞれ $\boldsymbol{a}$ と $\boldsymbol{b}$ で表せ．

(2) $\overrightarrow{\mathrm{OP}} = s\overrightarrow{\mathrm{OM}}$ として，$\overrightarrow{\mathrm{OP}}$ を s, $\boldsymbol{a}$, $\boldsymbol{b}$ で表せ．

(3) BP : PN $= t : (1-t)$ として，$\overrightarrow{\mathrm{OP}}$ を t, $\boldsymbol{a}$, $\boldsymbol{b}$ で表せ．

(4) $\overrightarrow{\mathrm{OP}}$ を $\boldsymbol{a}$ と $\boldsymbol{b}$ で表せ．

Q1.39 平面上に，原点 O とは異なる 2 点 A, B をとる．平面上の点 P について，次の (1), (2) は互いに同値であることを示せ． → まとめ 1.16

(1) 点 P は直線 AB 上にある．

(2) $\overrightarrow{\mathrm{OP}} = a\overrightarrow{\mathrm{OA}} + b\overrightarrow{\mathrm{OB}}$, $a + b = 1$ を満たす実数 a, b がある．

Q1.40 右図のように，重さ m [kg] の物体が，天井から 2 本のひもで引っ張られてつりあっている．$\angle \mathrm{ABC} = \alpha$, $\angle \mathrm{ACB} = \beta$ とするとき，張力 T_1, T_2 の大きさを求めよ．ただし，物体にはたらく重力の大きさは，重力加速度を g として mg [N] である．

→ Q1.8

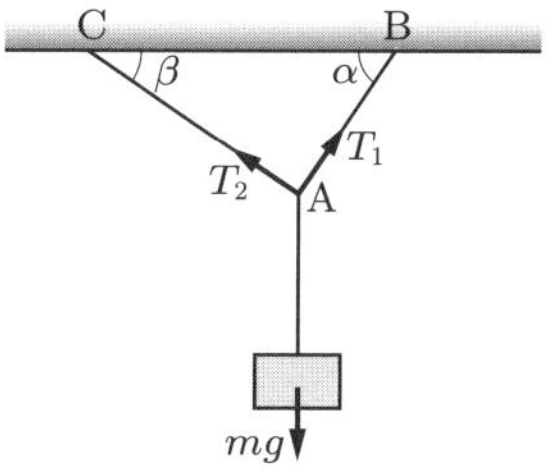

C

Q1.41 正六角形 ABCDEF において，$\overrightarrow{\mathrm{AB}} = \boldsymbol{a}$, $\overrightarrow{\mathrm{AF}} = \boldsymbol{b}$ とし，辺 CD の中点を点 P，辺 EF の中点を点 Q とする．以下の問いに答えよ． （類題：大阪大学）

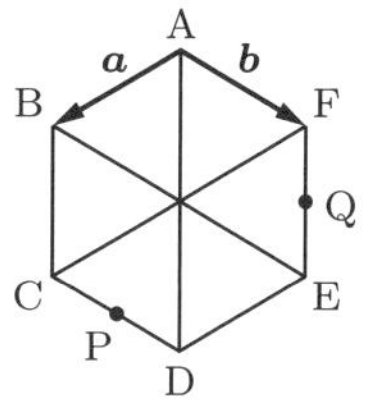

(1) $\overrightarrow{\mathrm{AC}}$, $\overrightarrow{\mathrm{AD}}$, $\overrightarrow{\mathrm{AE}}$ を $\boldsymbol{a}$, $\boldsymbol{b}$ で表せ．

(2) $\overrightarrow{\mathrm{AP}}$, $\overrightarrow{\mathrm{AQ}}$ を $\boldsymbol{a}$, $\boldsymbol{b}$ で表せ．

(3) 線分 CQ と線分 FP の交点を点 R とするとき，$\overrightarrow{\mathrm{AR}}$ を $\boldsymbol{a}$, $\boldsymbol{b}$ で表せ．

(4) 線分 AR と対角線 CF の交点を点 S とするとき，CS : SF を求めよ．

Q1.42 四面体 OABC において，線分 AB の中点を P，線分 CP の中点を Q，線分 OQ の中点を R とする．また，3 点 O, B, C を通る平面と直線 AR の交点を S，直線 OS と直線 BC の交点を T とする．$\overrightarrow{\mathrm{OA}} = \boldsymbol{a}$, $\overrightarrow{\mathrm{OB}} = \boldsymbol{b}$, $\overrightarrow{\mathrm{OC}} = \boldsymbol{c}$ とするとき，次の問いに答えよ． （類題：東京大学）

(1) $\overrightarrow{\mathrm{OP}}$, $\overrightarrow{\mathrm{OQ}}$, $\overrightarrow{\mathrm{OR}}$ を $\boldsymbol{a}$, $\boldsymbol{b}$, $\boldsymbol{c}$ を用いて表せ．

(2) $\overrightarrow{\mathrm{OS}}$ を $\boldsymbol{b}$, $\boldsymbol{c}$ を用いて表せ．

(3) $\overrightarrow{\mathrm{OT}}$ を $\boldsymbol{b}$, $\boldsymbol{c}$ を用いて表せ．

(4) 三角形 ABC の面積 S_1 と三角形 PQT の面積 S_2 の比 $S_1 : S_2$ を求めよ．

(5) 四面体 OABC の体積 V_1 と四面体 RPQT の体積 V_2 の比 $V_1 : V_2$ を求めよ．

2　ベクトルと図形

まとめ

2.1 ベクトルの内積　ベクトル $\boldsymbol{a}$, $\boldsymbol{b}$ のなす角を θ $(0 \leqq \theta \leqq \pi)$ とするとき，$\boldsymbol{a}$, $\boldsymbol{b}$ の内積を

$$\boldsymbol{a}\cdot\boldsymbol{b} = |\boldsymbol{a}||\boldsymbol{b}|\cos\theta$$

で定める．

2.2 成分による内積の表示　ベクトル $\boldsymbol{a}, \boldsymbol{b}$ の内積は，次のようになる．

(1) $\boldsymbol{a} = \begin{pmatrix} a_1 \\ a_2 \end{pmatrix}, \boldsymbol{b} = \begin{pmatrix} b_1 \\ b_2 \end{pmatrix}$ のとき，　$\boldsymbol{a}\cdot\boldsymbol{b} = a_1b_1 + a_2b_2$

(2) $\boldsymbol{a} = \begin{pmatrix} a_1 \\ a_2 \\ a_3 \end{pmatrix}, \boldsymbol{b} = \begin{pmatrix} b_1 \\ b_2 \\ b_3 \end{pmatrix}$ のとき，　$\boldsymbol{a}\cdot\boldsymbol{b} = a_1b_1 + a_2b_2 + a_3b_3$

2.3 ベクトルのなす角　$\boldsymbol{a} \neq \boldsymbol{0}$, $\boldsymbol{b} \neq \boldsymbol{0}$ のなす角を θ とすると，

$$\cos\theta = \frac{\boldsymbol{a}\cdot\boldsymbol{b}}{|\boldsymbol{a}||\boldsymbol{b}|} \quad (0 \leqq \theta \leqq \pi)$$

が成り立つ．

2.4 平行四辺形の面積　$\boldsymbol{a}, \boldsymbol{b}$ が作る平行四辺形の面積を S とすると，

$$S = \sqrt{|\boldsymbol{a}|^2|\boldsymbol{b}|^2 - (\boldsymbol{a}\cdot\boldsymbol{b})^2}$$

が成り立つ．

2.5 内積の性質　ベクトル $\boldsymbol{a}$, $\boldsymbol{b}$, $\boldsymbol{c}$ と実数 t について，次のことが成り立つ．

(1) ベクトルの大きさ：$\boldsymbol{a}\cdot\boldsymbol{a} = |\boldsymbol{a}|^2$

(2) 交換法則：$\boldsymbol{a}\cdot\boldsymbol{b} = \boldsymbol{b}\cdot\boldsymbol{a}$

(3) 分配法則：$\boldsymbol{a}\cdot(\boldsymbol{b}+\boldsymbol{c}) = \boldsymbol{a}\cdot\boldsymbol{b} + \boldsymbol{a}\cdot\boldsymbol{c}$,　$(\boldsymbol{a}+\boldsymbol{b})\cdot\boldsymbol{c} = \boldsymbol{a}\cdot\boldsymbol{c} + \boldsymbol{b}\cdot\boldsymbol{c}$

(4) 結合法則：$(t\,\boldsymbol{a})\cdot\boldsymbol{b} = \boldsymbol{a}\cdot(t\,\boldsymbol{b}) = t\,(\boldsymbol{a}\cdot\boldsymbol{b})$

2.6 内積に関する不等式　任意のベクトル $\boldsymbol{a}$, $\boldsymbol{b}$ について，次の不等式が成り立つ．

$$|\boldsymbol{a}\cdot\boldsymbol{b}| \leqq |\boldsymbol{a}||\boldsymbol{b}|$$

等号は，$\boldsymbol{a} \mathbin{/\!/} \boldsymbol{b}$, $\boldsymbol{a} = \boldsymbol{0}$ または $\boldsymbol{b} = \boldsymbol{0}$ のときに成り立つ．

2.7 ベクトルの垂直条件　$\boldsymbol{a} \neq \boldsymbol{0}, \boldsymbol{b} \neq \boldsymbol{0}$ のとき，次が成り立つ．

$$\boldsymbol{a} \cdot \boldsymbol{b} = 0 \iff \boldsymbol{a} \perp \boldsymbol{b}$$

2.8 法線ベクトルと図形　位置ベクトルを $\boldsymbol{p}_0$ とする点 P_0 とベクトル $\boldsymbol{n}$ $(\boldsymbol{n} \neq \boldsymbol{0})$ が与えられたとき，ベクトル方程式

$$\boldsymbol{n} \cdot (\boldsymbol{p} - \boldsymbol{p}_0) = 0$$

は次の図形を表す．

(1) 平面においては，点 P_0 を通り，$\boldsymbol{n}$ に垂直な直線

(2) 空間においては，点 P_0 を通り，$\boldsymbol{n}$ に垂直な平面

このとき，$\boldsymbol{n}$ をそれぞれの図形の**法線ベクトル**という．

2.9 点と直線，点と平面との距離

(1) 直線 $\ell : ax + by + c = 0$ と点 $\mathrm{A}(x_0, y_0)$ の距離 h は

$$h = \frac{|ax_0 + by_0 + c|}{\sqrt{a^2 + b^2}}$$

である．

(2) 平面 $\alpha : ax + by + cz + d = 0$ と点 $\mathrm{A}(x_0, y_0, z_0)$ の距離 h は

$$h = \frac{|ax_0 + by_0 + cz_0 + d|}{\sqrt{a^2 + b^2 + c^2}}$$

である．

2.10 平面と直線の位置関係　$\boldsymbol{v}, \boldsymbol{v}'$ をそれぞれ直線 ℓ, ℓ' の方向ベクトルとし，$\boldsymbol{n}, \boldsymbol{n}'$ をそれぞれ平面 α, α' の法線ベクトルとする．このとき，図形の位置関係を次のように表すことができる．

(1) 2 直線 ℓ, ℓ' が**平行**であるのは $\boldsymbol{v} \parallel \boldsymbol{v}'$ のときである．これを $\ell \parallel \ell'$ と表す．

(2) 直線 ℓ と平面 α が**垂直**であるのは $\boldsymbol{v} \parallel \boldsymbol{n}$ のときである．このとき ℓ と α は**直交**するともいい，$\ell \perp \alpha$ と表す．

(3) 2 平面 α, α' が**平行**であるのは $\boldsymbol{n} \parallel \boldsymbol{n}'$ のときである．これを $\alpha \parallel \alpha'$ と表す．

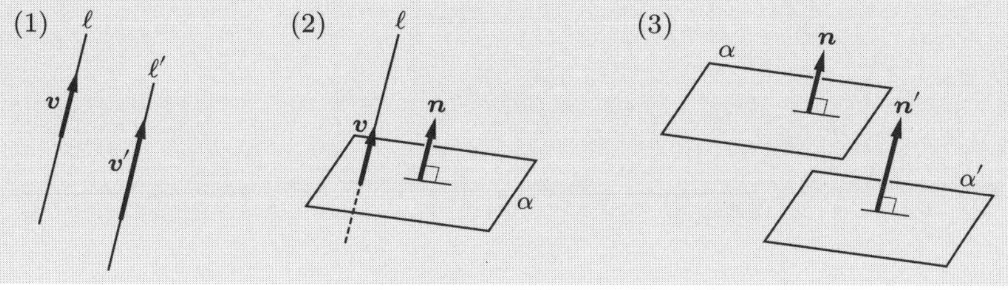

2.11 円と球面の方程式　位置ベクトルを $\boldsymbol{c}$ とする点 C と正の数 r が与えられたとき，ベクトル方程式

$$|\boldsymbol{p}-\boldsymbol{c}|=r \quad \text{または} \quad (\boldsymbol{p}-\boldsymbol{c})\cdot(\boldsymbol{p}-\boldsymbol{c})=r^2$$

は次の図形を表す．

(1) 平面においては，点 C を中心とする半径 r の円

(2) 空間においては，点 C を中心とする半径 r の球面

A

Q2.1　$\boldsymbol{a}, \boldsymbol{b}$ が次の条件を満たすとき，内積 $\boldsymbol{a}\cdot\boldsymbol{b}$ を求めよ．ただし，θ は $\boldsymbol{a}$ と $\boldsymbol{b}$ のなす角とする．

(1) $|\boldsymbol{a}|=2, |\boldsymbol{b}|=5, \theta=\dfrac{\pi}{3}$　　(2) $|\boldsymbol{a}|=3, |\boldsymbol{b}|=2, \theta=\dfrac{3\pi}{4}$

(3) $|\boldsymbol{a}|=4, |\boldsymbol{b}|=3, \theta=\dfrac{\pi}{2}$　　(4) $|\boldsymbol{a}|=\sqrt{2}, |\boldsymbol{b}|=\sqrt{3}, \theta=0$

Q2.2　右図の点 O, A, B について，次の内積を求めよ．ただし，1 目盛は 1 とする．

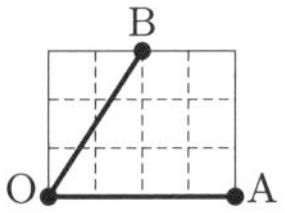

(1) $\overrightarrow{\mathrm{OA}}\cdot\overrightarrow{\mathrm{OB}}$　　(2) $\overrightarrow{\mathrm{AO}}\cdot\overrightarrow{\mathrm{OB}}$　　(3) $\overrightarrow{\mathrm{AB}}\cdot\overrightarrow{\mathrm{OA}}$

Q2.3　$a=\begin{pmatrix} a_1 \\ a_2 \\ a_3 \end{pmatrix}$ のとき，$\boldsymbol{a}\cdot\boldsymbol{a}={a_1}^2+{a_2}^2+{a_3}^2$ であることを証明せよ．

Q2.4　次のベクトル $\boldsymbol{a}, \boldsymbol{b}$ の内積 $\boldsymbol{a}\cdot\boldsymbol{b}$ を求めよ．

(1) $\boldsymbol{a}=\begin{pmatrix} 2 \\ -1 \end{pmatrix}, \boldsymbol{b}=\begin{pmatrix} -3 \\ -5 \end{pmatrix}$　　(2) $\boldsymbol{a}=\begin{pmatrix} 3 \\ 3 \end{pmatrix}, \boldsymbol{b}=\begin{pmatrix} 1 \\ -4 \end{pmatrix}$

(3) $\boldsymbol{a}=\begin{pmatrix} -1 \\ 0 \\ 3 \end{pmatrix}, \boldsymbol{b}=\begin{pmatrix} 4 \\ 8 \\ -2 \end{pmatrix}$　　(4) $\boldsymbol{a}=\begin{pmatrix} -2 \\ 4 \\ 3 \end{pmatrix}, \boldsymbol{b}=\begin{pmatrix} 6 \\ 3 \\ 5 \end{pmatrix}$

Q2.5　次のベクトル $\boldsymbol{a}, \boldsymbol{b}$ のなす角を求めよ．

(1) $\boldsymbol{a}=\begin{pmatrix} -2 \\ 6 \end{pmatrix}, \boldsymbol{b}=\begin{pmatrix} 1 \\ 2 \end{pmatrix}$　　(2) $\boldsymbol{a}=\begin{pmatrix} \sqrt{3} \\ -\sqrt{6} \end{pmatrix}, \boldsymbol{b}=\begin{pmatrix} -1 \\ \sqrt{2} \end{pmatrix}$

(3) $\boldsymbol{a} = \begin{pmatrix} 2 \\ 2 \\ -1 \end{pmatrix}, \boldsymbol{b} = \begin{pmatrix} 4 \\ 5 \\ 3 \end{pmatrix}$ (4) $\boldsymbol{a} = \begin{pmatrix} 1 \\ 0 \\ 1 \end{pmatrix}, \boldsymbol{b} = \begin{pmatrix} -2 \\ 2 \\ 0 \end{pmatrix}$

Q2.6 次のベクトル $\boldsymbol{a}, \boldsymbol{b}$ が作る平行四辺形の面積を求めよ.

(1) $\boldsymbol{a} = \begin{pmatrix} 1 \\ -2 \end{pmatrix}, \boldsymbol{b} = \begin{pmatrix} -3 \\ 2 \end{pmatrix}$ (2) $\boldsymbol{a} = \begin{pmatrix} -2 \\ 1 \end{pmatrix}, \boldsymbol{b} = \begin{pmatrix} -3 \\ -2 \end{pmatrix}$

(3) $\boldsymbol{a} = \begin{pmatrix} 1 \\ 2 \\ -1 \end{pmatrix}, \boldsymbol{b} = \begin{pmatrix} 3 \\ -1 \\ 4 \end{pmatrix}$ (4) $\boldsymbol{a} = \begin{pmatrix} 1 \\ 3 \\ 2 \end{pmatrix}, \boldsymbol{b} = \begin{pmatrix} 2 \\ -4 \\ -1 \end{pmatrix}$

Q2.7 次の各場合について，内積 $\boldsymbol{a} \cdot \boldsymbol{b}$，および，$\boldsymbol{a}$ と $\boldsymbol{b}$ のなす角を求めよ.

(1) $|\boldsymbol{a}| = \sqrt{2}, |\boldsymbol{b}| = 3, |\boldsymbol{a} - \boldsymbol{b}| = \sqrt{5}$ のとき.

(2) $|\boldsymbol{a}| = 2, |\boldsymbol{b}| = 3, |\boldsymbol{a} + \boldsymbol{b}| = \sqrt{7}$ のとき.

Q2.8 次の 2 つのベクトルが互いに垂直となるような定数 k の値を求めよ.

(1) $\boldsymbol{a} = \begin{pmatrix} 2 \\ 3 \end{pmatrix} \boldsymbol{b} = \begin{pmatrix} k \\ 4 \end{pmatrix}$ (2) $\boldsymbol{a} = \begin{pmatrix} 2 \\ k \end{pmatrix}, \boldsymbol{b} = \begin{pmatrix} -8 \\ k \end{pmatrix}$

(3) $\boldsymbol{a} = \begin{pmatrix} 1 \\ -2 \\ k \end{pmatrix}, \boldsymbol{b} = \begin{pmatrix} 3k \\ 1 \\ -1 \end{pmatrix}$ (4) $\boldsymbol{a} = \begin{pmatrix} k+1 \\ k-1 \\ 4 \end{pmatrix}, \boldsymbol{b} = \begin{pmatrix} 2k \\ -2 \\ -1 \end{pmatrix}$

Q2.9 次のベクトル $\boldsymbol{a}$ に垂直な単位ベクトルを求めよ.

(1) $\boldsymbol{a} = \begin{pmatrix} 1 \\ -2 \end{pmatrix}$ (2) $\boldsymbol{a} = \begin{pmatrix} 3 \\ -4 \end{pmatrix}$

Q2.10 次の点 P_0 を通り，$\boldsymbol{n}$ を法線ベクトルとする直線の方程式を求めよ.

(1) $\mathrm{P}_0(3, -2), \boldsymbol{n} = \begin{pmatrix} 1 \\ -1 \end{pmatrix}$ (2) $\mathrm{P}_0(5, -3), \boldsymbol{n} = \begin{pmatrix} 3 \\ 1 \end{pmatrix}$

Q2.11 次の点 P_0 を通り，$\boldsymbol{n}$ を法線ベクトルとする平面の方程式を求めよ.

(1) $\mathrm{P}_0(1, 2, -1), \boldsymbol{n} = \begin{pmatrix} 2 \\ 1 \\ -1 \end{pmatrix}$ (2) $\mathrm{P}_0(2, 1, -5), \boldsymbol{n} = \begin{pmatrix} 3 \\ -2 \\ 1 \end{pmatrix}$

Q2.12 次の点 A から平面 α に下ろした垂線と，α との交点の座標を求めよ.

(1) $\mathrm{A}(2, 1, -3), \alpha : 3x-y+2z-13 = 0$ (2) $\mathrm{A}(-1, 0, 1), \alpha : x-2y+2z+8 = 0$

Q2.13　次の距離を求めよ．

(1) 原点 O と直線 $x - 3y - 2 = 0$ との距離

(2) 点 $(3, 2)$ と直線 $y = -\dfrac{1}{2}x + 1$ との距離

(3) 原点 O と平面 $x + 2y - 2z - 4 = 0$ との距離

(4) 点 $(2, -1, 0)$ と平面 $2x - y + z = 3$ との距離

Q2.14　次の直線または平面の方程式を求めよ．

(1) 点 $(-2, 4, 3)$ を通り，直線 $\dfrac{x}{3} = \dfrac{y}{-2} = z$ に平行な直線

(2) 点 $(2, 1, -5)$ を通り，平面 $3x - 2y + z - 5 = 0$ に垂直な直線

(3) 点 $(2, -1, 0)$ を通り，平面 $4x - y - 3z - 5 = 0$ に平行な平面

Q2.15　次の点 C を中心とし，r を半径とする円の方程式を求めよ．

(1) $\mathrm{C}(-2, 3)$, $r = 4$　　(2) $\mathrm{C}(4, -1)$, $r = 1$

Q2.16　次の球面の方程式を求めよ．

(1) 原点を中心とし，半径 4 の球面

(2) 点 $(2, 3, -4)$ を中心とし，半径 2 の球面

Q2.17　次の方程式を求めよ．

(1) 点 $(3, -4)$ を中心とし，点 $(1, 1)$ を通る円

(2) 点 $(2, 1, -1)$ を中心とし，点 $(0, -1, 2)$ を通る球面

Q2.18　次の方程式はどんな図形を表すか．

(1) $x^2 + y^2 + z^2 + 2x - 2y = 2$

(2) $x^2 + y^2 + z^2 + 4x - 6y + 4z + 1 = 0$

(3) $x^2 + y^2 + z^2 + 3x - 2y - 6z = 0$

B

Q2.19　正六角形 ABCDEF について，AB = 2 であるとき，次の内積を求めよ．

→ まとめ 2.1

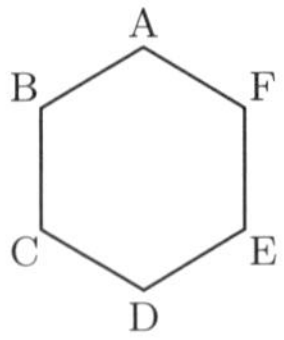

(1) $\overrightarrow{\mathrm{AB}} \cdot \overrightarrow{\mathrm{AF}}$　　(2) $\overrightarrow{\mathrm{AC}} \cdot \overrightarrow{\mathrm{AE}}$

(3) $\overrightarrow{\mathrm{BC}} \cdot \overrightarrow{\mathrm{FB}}$　　(4) $\overrightarrow{\mathrm{AD}} \cdot \overrightarrow{\mathrm{EF}}$

Q2.20　$\boldsymbol{a}, \boldsymbol{b}$ が次の条件を満たすとき，$\boldsymbol{a}$ と $\boldsymbol{b}$ の内積 $\boldsymbol{a} \cdot \boldsymbol{b}$ を求めよ．

→ まとめ 2.4, Q2.6

(1) $|\boldsymbol{a}| = \sqrt{5}$, $\boldsymbol{a} \cdot (\boldsymbol{a} - \boldsymbol{b}) = 2$　　(2) $\boldsymbol{a} \mathbin{/\!/} \boldsymbol{b}$, $|\boldsymbol{a}| = 2$, $|\boldsymbol{a} - \boldsymbol{b}| = 3$

(3) $|\boldsymbol{a}| = \sqrt{2},\ |\boldsymbol{b}| = 1$ であり，$\boldsymbol{a}, \boldsymbol{b}$ が作る平行四辺形の面積は 1

Q2.21 ベクトル $\boldsymbol{a}, \boldsymbol{b}$ が $|\boldsymbol{a}| = 3,\ |\boldsymbol{b}| = 2,\ |\boldsymbol{a}+\boldsymbol{b}| = \sqrt{5}$ を満たすとき，$\boldsymbol{a}, \boldsymbol{b}$ が作る平行四辺形の面積を求めよ． → まとめ 2.4, 2.5, Q2.7

Q2.22 2 つのベクトル $\boldsymbol{a}, \boldsymbol{b}$ が単位ベクトルで，それらのなす角が $\dfrac{\pi}{3}$ であるとき，$\boldsymbol{a}+\boldsymbol{b}$ と $\boldsymbol{a}-2\boldsymbol{b}$ のなす角を求めよ． → まとめ 2.3, 2.5

Q2.23 $|\boldsymbol{a}| = 2,\ |\boldsymbol{b}| = \sqrt{3},\ \boldsymbol{a}\cdot\boldsymbol{b} = 3$ のとき，$2\boldsymbol{a}-\boldsymbol{b}$ の大きさを求めよ． → まとめ 2.5

Q2.24 次の条件を満たす定数 k の値を求めよ． → まとめ 2.7

(1) $\mathrm{A}(2,-1),\ \mathrm{B}(-1,4),\ \mathrm{C}(1,k)$ について，$\angle\mathrm{BAC} = \dfrac{\pi}{2}$ となる．

(2) $\boldsymbol{a} = \begin{pmatrix} 1 \\ -1 \end{pmatrix},\ \boldsymbol{b} = \begin{pmatrix} 2 \\ 3 \end{pmatrix}$ のとき，$k\boldsymbol{a}+\boldsymbol{b}$ と $\boldsymbol{a}$ が互いに垂直である．

Q2.25 $\triangle\mathrm{OAB}$ において，$\overrightarrow{\mathrm{OA}} = \begin{pmatrix} 3 \\ 1 \end{pmatrix},\ \overrightarrow{\mathrm{OB}} = \begin{pmatrix} -2 \\ 4 \end{pmatrix},\ \angle\mathrm{AOB} = \theta$ とするとき，次のものを求めよ． → まとめ 2.2, 2.3

(1) $\cos\theta$　　(2) $\triangle\mathrm{OAB}$ の面積

Q2.26 次の直線の法線ベクトルで，単位ベクトルであるものを求めよ． → まとめ 2.8

(1) $2x+3y+1=0$　　(2) $\dfrac{x+1}{3} = \dfrac{y-2}{4}$

Q2.27 次の平面の法線ベクトルで，単位ベクトルであるものを求めよ． → まとめ 2.8

(1) $4x+4y-2z=5$　　(2) $3x-4y=-3$　　(3) $z=1$

Q2.28 次の平面の方程式を求めよ． → まとめ 2.8〜2.10, Q2.12

(1) 平面 $4x+3y-z=4$ に平行で，点 $(1,-1,0)$ を通る平面

(2) 原点から下ろした垂線との交点が $(1,2,3)$ である平面

(3) ベクトル $\boldsymbol{n} = \begin{pmatrix} 2 \\ -1 \\ -2 \end{pmatrix}$ に垂直で，点 $(1,2,3)$ からの距離が 1 である平面

(4) xy 平面に垂直で，2 点 $(1,2,0),\ (0,3,4)$ を通る平面

Q2.29　次の直線と平面との交点の座標を求めよ．　→ まとめ 1.17, 2.8

(1) 直線 $\dfrac{x-1}{3}=\dfrac{y+2}{-2}=\dfrac{z+1}{-1}$，平面 $x-y+z-10=0$

(2) 直線 $\dfrac{x}{2}=\dfrac{y}{3}=\dfrac{z}{4}$，平面 $z=2x+3y+9$

Q2.30　点 $\mathrm{A}(3,2,1)$ を通り，直線 ℓ : $\dfrac{x-1}{2}=\dfrac{y+1}{3}=z-2$ と直交する直線の方程式を求めよ．　→ まとめ 1.17, 2.3, 2.10

Q2.31　次の球面の方程式を求めよ．　→ まとめ 2.11, Q2.16

(1) 点 $\mathrm{A}(3,-1,0)$ を中心とし，点 $\mathrm{B}(1,0,-2)$ を通る球面

(2) 点 $\mathrm{A}(1,2,3)$ を中心とし，yz 平面に接する球面

例題 2.1

空間の 2 直線 ℓ, ℓ' の方向ベクトルをそれぞれ $\boldsymbol{v}, \boldsymbol{v}'$ とする．$\boldsymbol{v}, \boldsymbol{v}'$ のなす角を θ とするとき，θ と $\pi-\theta$ のうち小さいほうの角を 2 直線 ℓ, ℓ' のなす角と定める．

また，2 平面 α, α' の法線ベクトルをそれぞれ $\boldsymbol{n}, \boldsymbol{n}'$ とする．$\boldsymbol{n}, \boldsymbol{n}'$ のなす角を θ とするとき，θ と $\pi-\theta$ のうち小さいほうの角を 2 平面 α, α' のなす角と定める．

次の問いに答えよ．

(1) 2 直線 $x+3=\dfrac{y-1}{-2}=-z$, $x=y+1=\dfrac{z}{2}$ のなす角を求めよ．

(2) 2 平面 $3x-y+2z+4=0, x+2y+3z-6=0$ のなす角を求めよ．

解　(1) 2 直線の方向ベクトル $\boldsymbol{a}=\begin{pmatrix}1\\-2\\-1\end{pmatrix}, \boldsymbol{b}=\begin{pmatrix}1\\1\\2\end{pmatrix}$ のなす角を θ とすると，

$$\cos\theta=\frac{\boldsymbol{a}\cdot\boldsymbol{b}}{|\boldsymbol{a}||\boldsymbol{b}|}=\frac{-3}{\sqrt{6}\sqrt{6}}=-\frac{1}{2}$$

である．よって，$\theta=\dfrac{2}{3}\pi$ であるから，2 直線のなす角は $\pi-\dfrac{2}{3}\pi=\dfrac{\pi}{3}$ である．

(2) 2 平面の法線ベクトル $\boldsymbol{a}=\begin{pmatrix}3\\-1\\2\end{pmatrix}, \boldsymbol{b}=\begin{pmatrix}1\\2\\3\end{pmatrix}$ のなす角を θ とすると，

$$\cos\theta=\frac{\boldsymbol{a}\cdot\boldsymbol{b}}{|\boldsymbol{a}||\boldsymbol{b}|}=\frac{7}{\sqrt{14}\sqrt{14}}=\frac{1}{2}$$

である．よって，$\theta=\dfrac{\pi}{3}$ であるから，2 平面のなす角は $\dfrac{\pi}{3}$ である．

Q2.32 次の 2 直線，または 2 平面のなす角を求めよ．

(1) $\dfrac{x-1}{2}=\dfrac{y+2}{2}=-z,\quad \dfrac{x+2}{4}=\dfrac{y-3}{5}=\dfrac{z+1}{3}$

(2) $2x+3y+z-4=0,\quad 2x-y-z+9=0$

Q2.33 2 平面 $\alpha: 2x+ky+z-5=0$, $\beta: 2x+y-z+4=0$ が垂直に交わるように，定数 k の値を定めよ． → まとめ 2.8, 2.10

Q2.34 次の条件を満たす点の座標を求めよ． → まとめ 1.17, 2.9

(1) 直線 $x+3=y-1=1-z$ 上の点で，原点からの距離が $2\sqrt{2}$ である

(2) 直線 $x+1=y-1=1-z$ 上の点で，平面 $2x-2y+z=3$ からの距離が 1 である

Q2.35 次の場合について，球面と平面が交わってできる円の中心と半径を求めよ．

→ まとめ 2.8, 2.11

(1) 球面 $x^2+y^2+z^2-2x-4y-6z-2=0$ と xy 平面

(2) 球面 $x^2+y^2+z^2=25$ と平面 $5x+3y-4z=10$

Q2.36 次の点の軌跡を求めよ． → まとめ 2.9, 2.11

(1) 2 つの直線 $2x+y-3=0$, $2x-4y+7=0$ から等距離にある点の軌跡

(2) 点 $(4,0,0)$ と球面 $x^2+y^2+z^2=4$ 上の点を結ぶ線分の中点の軌跡

Q2.37 空間に直線 $\ell: \dfrac{x-2}{2}=\dfrac{y}{3}=z-3$ と点 $\mathrm{A}(3,10,-1)$ があるとき，点 A を通って直線 ℓ に垂直な平面を α とする．直線 ℓ と平面 α の交点を P とするとき，線分 AP の長さを求めよ． → まとめ 1.17, 2.8, 2.10, Q2.12

Q2.38 平面上で，原点 O を通る直線 ℓ を考える．平面上の点 A に対して，A を通り，ℓ と直交する直線を ℓ' として，直線 ℓ と直線 ℓ' の交点を B とするとき，点 B を点 A の直線 ℓ への**正射影**という．また，ベクトル $\overrightarrow{\mathrm{OB}}$ をベクトル $\overrightarrow{\mathrm{OA}}$ の直線 ℓ への**正射影ベクトル**という．次の問いに答えよ． → まとめ 1.6, 2.1, 2.7

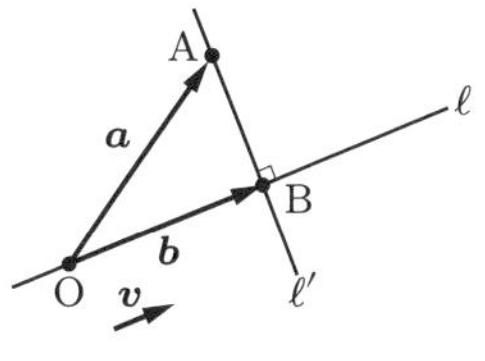

(1) 直線 ℓ の方向ベクトルを $\boldsymbol{v}\neq\boldsymbol{0}$, $\overrightarrow{\mathrm{OA}}=\boldsymbol{a}$, $\overrightarrow{\mathrm{OB}}=\boldsymbol{b}$ とするとき，次の等式が成り立つことを示せ．

$$\boldsymbol{b}=\frac{\boldsymbol{a}\cdot\boldsymbol{v}}{|\boldsymbol{v}|^2}\boldsymbol{v}$$

(2) 点 $\mathrm{A}(1,2)$ と，直線 $\ell: x-2y=0$ について，$\overrightarrow{\mathrm{OA}}$ の直線 ℓ への正射影ベクトルを求めよ．

Q2.39　空間において，原点 O を通る平面 S を考える．空間の点 A について，A を通り，S に垂直な直線を ℓ として，平面 S と直線 ℓ の交点を B とする．このとき，点 B を点 A の平面 S への**正射影**という．また，$\overrightarrow{\mathrm{OB}}$ を $\overrightarrow{\mathrm{OA}}$ の平面 S への**正射影ベクトル**という．次の問いに答えよ．

→ まとめ 2.1, 2.7

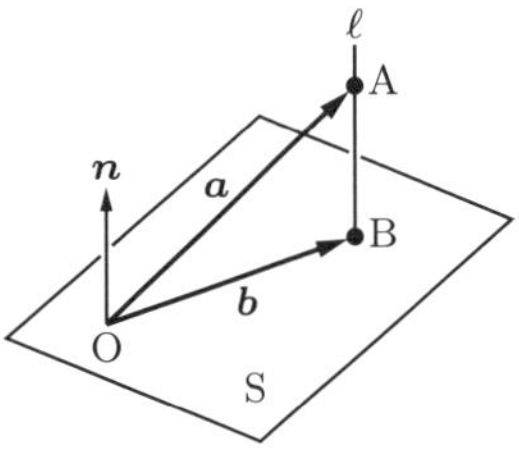

(1) 平面 S の法線ベクトルを $\boldsymbol{n} \neq \boldsymbol{0}$，$\boldsymbol{a} = \overrightarrow{\mathrm{OA}}$ の平面 S への正射影ベクトルを $\boldsymbol{b}$ とするとき，次の等式が成り立つことを示せ．

$$\boldsymbol{b} = \boldsymbol{a} - \frac{\boldsymbol{a} \cdot \boldsymbol{n}}{|\boldsymbol{n}|^2}\boldsymbol{n}$$

(2) $\boldsymbol{a} = \begin{pmatrix} 2 \\ 3 \\ 4 \end{pmatrix}$ の平面 $\alpha : x + 2y + 3z = 0$ への正射影ベクトルを求めよ．

例題 2.2

同一平面上にない 3 つのベクトル $\boldsymbol{p}_1, \boldsymbol{p}_2, \boldsymbol{p}_3$ が与えられたとき，次の手順によって，互いに直交する単位ベクトル $\boldsymbol{q}_1, \boldsymbol{q}_2, \boldsymbol{q}_3$ を作ることができる．

(a) $\boldsymbol{b}_1 = \boldsymbol{p}_1$ とおく．

(b) $\boldsymbol{b}_2 = \boldsymbol{p}_2 - \dfrac{\boldsymbol{p}_2 \cdot \boldsymbol{b}_1}{\boldsymbol{b}_1 \cdot \boldsymbol{b}_1}\boldsymbol{b}_1$ とおく．

(c) $\boldsymbol{b}_3 = \boldsymbol{p}_3 - \dfrac{\boldsymbol{p}_3 \cdot \boldsymbol{b}_1}{\boldsymbol{b}_1 \cdot \boldsymbol{b}_1}\boldsymbol{b}_1 - \dfrac{\boldsymbol{p}_3 \cdot \boldsymbol{b}_2}{\boldsymbol{b}_2 \cdot \boldsymbol{b}_2}\boldsymbol{b}_2$ とおく．

(d) $\boldsymbol{q}_i = \dfrac{\boldsymbol{b}_i}{|\boldsymbol{b}_i|}$ $(i = 1, 2, 3)$ とおく．

この方法を**シュミットの直交化法**という．次の問いに答えよ．

(1) 手順 (b) において，$\boldsymbol{b}_2$ と $\boldsymbol{b}_1$ が互いに直交することを証明せよ．

(2) 手順 (c) において，$\boldsymbol{b}_3$ と $\boldsymbol{b}_1$，$\boldsymbol{b}_3$ と $\boldsymbol{b}_2$ が互いに直交することを証明せよ．

(3) シュミットの直交化法を使って，$\boldsymbol{p}_1 = \begin{pmatrix} 1 \\ 1 \\ 0 \end{pmatrix}, \boldsymbol{p}_2 = \begin{pmatrix} 1 \\ 0 \\ 1 \end{pmatrix}, \boldsymbol{p}_3 = \begin{pmatrix} 1 \\ 1 \\ 1 \end{pmatrix}$ から互いに直交する単位ベクトル $\boldsymbol{q}_1, \boldsymbol{q}_2, \boldsymbol{q}_3$ を作れ．

解　(1) $\boldsymbol{b}_2 \cdot \boldsymbol{b}_1 = \left(\boldsymbol{p}_2 - \dfrac{\boldsymbol{p}_2 \cdot \boldsymbol{b}_1}{\boldsymbol{b}_1 \cdot \boldsymbol{b}_1}\boldsymbol{b}_1\right) \cdot \boldsymbol{b}_1$

$$= \boldsymbol{p}_2 \cdot \boldsymbol{b}_1 - \frac{\boldsymbol{p}_2 \cdot \boldsymbol{b}_1}{\boldsymbol{b}_1 \cdot \boldsymbol{b}_1}\boldsymbol{b}_1 \cdot \boldsymbol{b}_1 = \boldsymbol{p}_2 \cdot \boldsymbol{b}_1 - \boldsymbol{p}_2 \cdot \boldsymbol{b}_1 = 0$$

となるので，$\boldsymbol{b}_2$ と $\boldsymbol{b}_1$ が互いに直交する．

(2)
$$\begin{aligned}\boldsymbol{b}_3\cdot\boldsymbol{b}_1 &= \left(\boldsymbol{p}_3-\frac{\boldsymbol{p}_3\cdot\boldsymbol{b}_1}{\boldsymbol{b}_1\cdot\boldsymbol{b}_1}\boldsymbol{b}_1-\frac{\boldsymbol{p}_3\cdot\boldsymbol{b}_2}{\boldsymbol{b}_2\cdot\boldsymbol{b}_2}\boldsymbol{b}_2\right)\cdot\boldsymbol{b}_1\\
&=\boldsymbol{p}_3\cdot\boldsymbol{b}_1-\frac{\boldsymbol{p}_3\cdot\boldsymbol{b}_1}{\boldsymbol{b}_1\cdot\boldsymbol{b}_1}\boldsymbol{b}_1\cdot\boldsymbol{b}_1-\frac{\boldsymbol{p}_3\cdot\boldsymbol{b}_2}{\boldsymbol{b}_2\cdot\boldsymbol{b}_2}\boldsymbol{b}_2\cdot\boldsymbol{b}_1\\
&=\boldsymbol{p}_3\cdot\boldsymbol{b}_1-\boldsymbol{p}_3\cdot\boldsymbol{b}_1-\frac{\boldsymbol{p}_3\cdot\boldsymbol{b}_2}{\boldsymbol{b}_2\cdot\boldsymbol{b}_2}\boldsymbol{b}_2\cdot\boldsymbol{b}_1\end{aligned}$$

であり，(1) から $\boldsymbol{b}_2\cdot\boldsymbol{b}_1=0$ であるから，$\boldsymbol{b}_3\cdot\boldsymbol{b}_1=0$ となる．よって，$\boldsymbol{b}_3$ と $\boldsymbol{b}_1$ は互いに直交する．同様にして，

$$\begin{aligned}\boldsymbol{b}_3\cdot\boldsymbol{b}_2 &= \left(\boldsymbol{p}_3-\frac{\boldsymbol{p}_3\cdot\boldsymbol{b}_1}{\boldsymbol{b}_1\cdot\boldsymbol{b}_1}\boldsymbol{b}_1-\frac{\boldsymbol{p}_3\cdot\boldsymbol{b}_2}{\boldsymbol{b}_2\cdot\boldsymbol{b}_2}\boldsymbol{b}_2\right)\cdot\boldsymbol{b}_2\\
&=\boldsymbol{p}_3\cdot\boldsymbol{b}_2-\frac{\boldsymbol{p}_3\cdot\boldsymbol{b}_1}{\boldsymbol{b}_1\cdot\boldsymbol{b}_1}\boldsymbol{b}_1\cdot\boldsymbol{b}_2-\frac{\boldsymbol{p}_3\cdot\boldsymbol{b}_2}{\boldsymbol{b}_2\cdot\boldsymbol{b}_2}\boldsymbol{b}_2\cdot\boldsymbol{b}_2\\
&=\boldsymbol{p}_3\cdot\boldsymbol{b}_2-\frac{\boldsymbol{p}_3\cdot\boldsymbol{b}_1}{\boldsymbol{b}_1\cdot\boldsymbol{b}_1}\boldsymbol{b}_1\cdot\boldsymbol{b}_2-\boldsymbol{p}_3\cdot\boldsymbol{b}_2=0\end{aligned}$$

となるので，$\boldsymbol{b}_3$ と $\boldsymbol{b}_2$ が互いに直交する．

(3) 手順 (a) から，$\boldsymbol{b}_1=\begin{pmatrix}1\\1\\0\end{pmatrix}$ であり，手順 (b) から

$$\boldsymbol{b}_2=\boldsymbol{b}_2-\frac{1}{2}\boldsymbol{b}_1=\begin{pmatrix}1\\0\\1\end{pmatrix}-\frac{1}{2}\begin{pmatrix}1\\1\\0\end{pmatrix}=\begin{pmatrix}\frac{1}{2}\\-\frac{1}{2}\\1\end{pmatrix}$$

である．手順 (c) から，

$$\boldsymbol{b}_3=\boldsymbol{p}_3-\frac{2}{2}\boldsymbol{b}_1-\frac{1}{\frac{3}{2}}\boldsymbol{b}_2=\begin{pmatrix}1\\1\\1\end{pmatrix}-\begin{pmatrix}1\\1\\0\end{pmatrix}-\frac{2}{3}\begin{pmatrix}\frac{1}{2}\\-\frac{1}{2}\\1\end{pmatrix}=\begin{pmatrix}-\frac{1}{3}\\\frac{1}{3}\\\frac{1}{3}\end{pmatrix}$$

となる．手順 (d) から，

$$\boldsymbol{q}_1=\frac{1}{|\boldsymbol{b}_1|}\boldsymbol{b}_1=\frac{1}{\sqrt{2}}\begin{pmatrix}1\\1\\0\end{pmatrix}=\begin{pmatrix}\frac{1}{\sqrt{2}}\\\frac{1}{\sqrt{2}}\\0\end{pmatrix},$$

$$\boldsymbol{q}_2 = \frac{1}{|\boldsymbol{b}_2|}\boldsymbol{b}_2 = \frac{2}{\sqrt{6}}\begin{pmatrix} \frac{1}{2} \\ -\frac{1}{2} \\ 1 \end{pmatrix} = \begin{pmatrix} \frac{1}{\sqrt{6}} \\ -\frac{1}{\sqrt{6}} \\ \frac{2}{\sqrt{6}} \end{pmatrix},$$

$$\boldsymbol{q}_3 = \frac{1}{|\boldsymbol{b}_3|}\boldsymbol{b}_3 = \sqrt{3}\begin{pmatrix} -\frac{1}{3} \\ \frac{1}{3} \\ \frac{1}{3} \end{pmatrix} = \begin{pmatrix} -\frac{1}{\sqrt{3}} \\ \frac{1}{\sqrt{3}} \\ \frac{1}{\sqrt{3}} \end{pmatrix}$$

となる.

Q2.40　次のベクトルの組に対して，シュミットの直交化法によって，互いに直交する単位ベクトルの組を作れ.

(1) $\begin{pmatrix} 2 \\ 1 \end{pmatrix}, \begin{pmatrix} 1 \\ 3 \end{pmatrix}$　　(2) $\begin{pmatrix} 1 \\ 1 \\ 1 \end{pmatrix}, \begin{pmatrix} 2 \\ 1 \\ 3 \end{pmatrix}, \begin{pmatrix} 3 \\ 1 \\ -1 \end{pmatrix}$

例題 2.3

直線上を動く物体があり，この物体の運動方向と θ の角をなす方向に一定の力 $\vec{\mathrm{F}}$ を加えて，物体が点 A から点 B まで動いたとき，$\vec{\mathrm{F}}\cdot\overrightarrow{\mathrm{AB}}$ をこの力が物体にした**仕事**という．1 N の力で力と同じ方向に 1 m だけ動かしたときの仕事が 1 J である.

右図のように，x 軸の正方向と角 θ をなす向きに 5 N の力を物体に加え，物体が x 軸の正方向に 2 m 動いたとき，次の場合について，この力が物体にした仕事を求めよ.

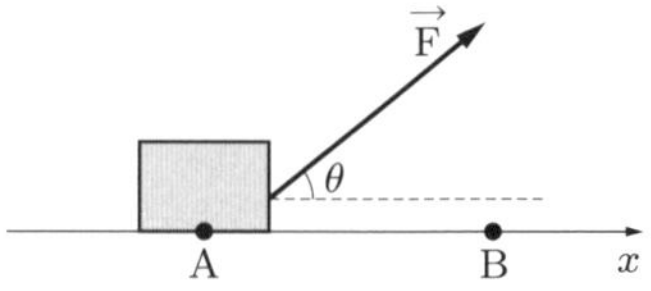

(1) $\theta = 0$　(2) $\theta = \frac{\pi}{4}$　(3) $\theta = \frac{\pi}{2}$　(4) $\theta = \frac{2\pi}{3}$

解　力が物体にした仕事は $5\cdot 2\cdot\cos\theta = 10\cos\theta\,[\mathrm{J}]$ である.

(1) 10 J　(2) $5\sqrt{2}$ J　(3) 0 J　(4) -5 J

Q2.41 右図のように，質量 m [kg] の物体が，傾斜 θ の斜面を点 A から点 B まで滑り落ちる．AB 間の距離は l [m] である．このとき，物体には次の 3 つの力がはたらく．これら 3 つの力について，それぞれが物体にする仕事を求めよ．

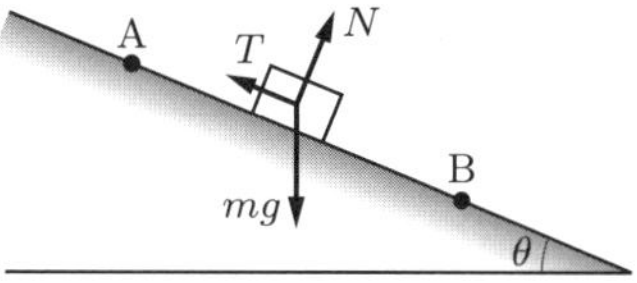

(1) 物体にはたらく重力 mg [N]

(2) 斜面が斜面と垂直な方向に物体を押す力 $N = mg\cos\theta$ [N]

(3) 斜面が物体の運動方向と逆向きに及ぼす摩擦力 $T = \mu mg\cos\theta$ [N]

ただし，g は重力加速度で，μ は動摩擦係数である．

C

Q2.42 原点を $(0,0)$ として，$\boldsymbol{a} = \begin{pmatrix} 1 \\ 1 \end{pmatrix}$，$\boldsymbol{b} = \begin{pmatrix} -1 \\ 2 \end{pmatrix}$，$\boldsymbol{c} = (1-t)\boldsymbol{a} + t\boldsymbol{b}$ とする．ただし，t は実数である．このとき，$|\boldsymbol{c}|$ が最小となるような t の値とその最小値を求めよ．また，そのとき，$\boldsymbol{c}$ と $\boldsymbol{b}-\boldsymbol{a}$ は互いに直交することを示せ．

（類題：大阪大学）

Q2.43 2 平面 $x + 3y - 2z = 1$, $2x - y + 3z = 4$ のなす角を求めよ．

（類題：岐阜大学）

Q2.44 ベクトル $\boldsymbol{a} = \begin{pmatrix} 2 \\ -3 \\ 1 \end{pmatrix}$，$\boldsymbol{b} = \begin{pmatrix} 1 \\ 2 \\ -2 \end{pmatrix}$ について，次の問いに答えよ．

（類題：三重大学）

(1) $\boldsymbol{a}$ と $\boldsymbol{b}$ のなす角 θ の余弦 $\cos\theta$ の値を求めよ．

(2) $\boldsymbol{a}$ と $\boldsymbol{b}$ を隣り合う 2 辺とする平行四辺形の面積 S を求めよ．

(3) 点 $\mathrm{A}(1,4,0)$ を通り，$\boldsymbol{a}$ と $\boldsymbol{b}$ に平行な平面の方程式を求めよ．

Q2.45 空間の直交座標軸上に 3 点 $\mathrm{A}(1,0,0)$, $\mathrm{B}(0,2,0)$, $\mathrm{C}(0,0,3)$ がある．3 点 A, B, C を通る平面を α とするとき，次の問いに答えよ． （類題：豊橋技術科学大学）

(1) 平面 α の方程式を求めよ．

(2) 原点 O を通り，平面 α に垂直な直線を ℓ とするとき，平面 α と直線 ℓ の交点の座標を求めよ．

(3) 三角形 ABC の面積を求めよ．

Q2.46　4 点 $\mathrm{P}(2,-1,2)$, $\mathrm{Q}(1,2,2)$, $\mathrm{R}(2,2,-1)$, $\mathrm{S}(-2,1,1)$ について，3 点 P, Q, R を通る平面を α，点 S を通り平面 α に垂直な直線を ℓ，平面 α と直線 ℓ の交点を H とする．次の問いに答えよ．　（類題：九州大学）

(1) $\triangle$PQR の面積を求めよ．

(2) 点 H の座標を求めよ．

(3) 三角錐 PQRS の体積を求めよ．

Q2.47　点 $\mathrm{O}(0,0,0)$, $\mathrm{A}(1,2,-3)$, $\mathrm{B}(-1,2,3)$, $\mathrm{C}(2,1,-2)$, $\mathrm{D}(0,0,8)$ について，次の問いに答えよ．　（類題：東北大学）

(1) 3 点 A, B, C を通る平面 P の方程式を求めよ．

(2) (1) で求めた平面 P を接平面とし，2 点 O, D を通る球面の方程式を求めよ．

Q2.48　空間の 3 点 $\mathrm{A}(0,2,0)$, $\mathrm{B}(1,3,2)$, $\mathrm{C}(2,-4,-2)$ を通る平面を α とし，原点 $\mathrm{O}(0,0,0)$ からの距離が $\sqrt{2}$ であり，平面 α に平行な平面を β とする．さらに，原点 O を中心とし，平面 β に接する球面を S とする．次の問いに答えよ．

（類題：東京大学）

(1) 平面 α の方程式を求めよ．

(2) 平面 β の方程式を求めよ．

(3) 平面 α と球面 S が交わってできる円の中心と半径を求めよ．

Q2.49　空間に 4 つの点 $\mathrm{O}(0,0,0)$, $\mathrm{A}(1,-1,1)$, $\mathrm{B}(1,1,-1)$, $\mathrm{C}(1,1,2)$ をとる．3 点 O, A, B を通る平面を S とし，点 C の平面 S への正射影を D とする．$\overrightarrow{\mathrm{OA}}=\boldsymbol{a}$, $\overrightarrow{\mathrm{OB}}=\boldsymbol{b}$, $\overrightarrow{\mathrm{OC}}=\boldsymbol{c}$, $\overrightarrow{\mathrm{OD}}=\boldsymbol{d}$ とかくとき，次の問いに答えよ．　（類題：九州大学）

(1) $\boldsymbol{c}-\boldsymbol{d}$ と $\boldsymbol{a}$, $\boldsymbol{b}$ の位置関係から成り立つ等式を 2 つかけ．

(2) $\boldsymbol{d}=x\boldsymbol{a}+y\boldsymbol{b}$ とするとき，(1) の等式を用いて x と y の値を求めよ．

(3) D の座標を求めよ．

Chapter

2 行列と行列式

3 行　列

まとめ

3.1 行列の成分と型　数を長方形に並べて（　）でくくったものを**行列**といい，個々の数をその行列の**成分**という．成分の横の並びを**行**といい，上から順に**第 1 行**，**第 2 行**，…という．また，成分の縦の並びを**列**といい，左から順に**第 1 列**，**第 2 列**，…という．行の数が m，列の数が n である行列を $\boldsymbol{m \times n}$ **型行列**，または $\boldsymbol{m}$ **行** $\boldsymbol{n}$ **列型行列**という．行列は A, B などの大文字で表す．

$m \times 1$ 型行列を $\boldsymbol{m}$ **次列ベクトル**という．また，$1 \times n$ 型行列を $\boldsymbol{n}$ **次行ベクトル**という．

$m \times n$ 型行列 A の (i, j) 成分を a_{ij} とするとき，A は

$$A = \begin{pmatrix} a_{11} & a_{12} & \cdots & a_{1n} \\ a_{21} & a_{22} & \cdots & a_{2n} \\ \vdots & \vdots & \ddots & \vdots \\ a_{m1} & a_{m2} & \cdots & a_{mn} \end{pmatrix}$$

と表される．これを $A = (a_{ij})$ と表すこともある．第 i 行，第 j 列をそれぞれ**第 $\boldsymbol{i}$ 行ベクトル**，**第 $\boldsymbol{j}$ 列ベクトル**という．A の第 j 列ベクトルを $\boldsymbol{a}_j$ $(j = 1, 2, \ldots, m)$ とするとき，$A = \begin{pmatrix} \boldsymbol{a}_1 & \boldsymbol{a}_2 & \cdots & \boldsymbol{a}_m \end{pmatrix}$ と表すこともある．

行と列の数が等しい行列を**正方行列**という．$n \times n$ 型行列を $\boldsymbol{n}$ **次正方行列**または $\boldsymbol{n}$ **次行列**といい，n を**次数**という．

3.2 行列の相等　2 つの行列 A, B が同じ型で，対応する成分がすべて等しいとき，A と B は等しいといい，$A = B$ とかく．

3.3 行列の和・差，実数倍　同じ型の行列 $A = (a_{ij})$, $B = (b_{ij})$ および実数 t について次のように定める．

(1) $A \pm B = (a_{ij} \pm b_{ij})$　（複号同順）　　　(2) $tA = (ta_{ij})$

3.4 零行列　成分がすべて 0 である行列を**零行列**といい，O で表す．

3.5 行列の演算の基本法則　A, B, C, O は同じ型の行列，O は零行列，s, t は実数とする．

(1) 交換法則：$A+B=B+A$

(2) 結合法則：$(A+B)+C=A+(B+C), \quad s(tA)=(st)A$

(3) 分配法則：$(s+t)A=sA+tA, \quad t(A+B)=tA+tB$

(4) 零行列の性質：$O+A=A+O=A, \quad 0A=O, \quad tO=O$

3.6 行列の積　$A=(a_{ij})$ が $m \times k$ 型行列，$B=(b_{ij})$ が $k \times n$ 型行列のとき，A と B との積 AB を，A の第 i 行ベクトルと B の第 j 列ベクトルの成分の積の和 $\displaystyle\sum_{p=1}^{k} a_{ip}b_{pj}$ を (i,j) 成分とする $m \times n$ 型行列と定める．

$$\overbrace{\begin{pmatrix} a_{11} & a_{12} & \cdots & a_{1k} \\ \cdots & \cdots & \cdots & \cdots \\ a_{i1} & a_{i2} & \cdots & a_{ik} \\ \cdots & \cdots & \cdots & \cdots \\ a_{m1} & a_{m2} & \cdots & a_{mk} \end{pmatrix}}^{k} \begin{pmatrix} b_{11} & \vdots & b_{1j} & \vdots & b_{1n} \\ b_{21} & \vdots & b_{2j} & \vdots & b_{2n} \\ \vdots & \vdots & \vdots & \vdots & \vdots \\ b_{k1} & \vdots & b_{kj} & \vdots & b_{kn} \end{pmatrix} \Big\updownarrow k = \begin{pmatrix} & \overset{\text{第}j\text{列}}{\vdots} & \\ \cdots & \displaystyle\sum_{p=1}^{k} a_{ip}b_{pj} & \cdots \\ & \vdots & \end{pmatrix} \text{第}i\text{行}$$

3.7 基本ベクトル　第 i 成分が 1 で，その他の成分が 0 であるベクトル $\boldsymbol{e}_i$ を**基本ベクトル**という．

$$\boldsymbol{e}_1 = \begin{pmatrix} 1 \\ 0 \\ \vdots \\ 0 \end{pmatrix}, \quad \boldsymbol{e}_2 = \begin{pmatrix} 0 \\ 1 \\ \vdots \\ 0 \end{pmatrix}, \quad \cdots, \quad \boldsymbol{e}_n = \begin{pmatrix} 0 \\ 0 \\ \vdots \\ 1 \end{pmatrix}$$

正方行列 $A=(\,\boldsymbol{a}_1 \ \ \boldsymbol{a}_2 \ \ \cdots \ \ \boldsymbol{a}_n\,)$ と基本ベクトル $\boldsymbol{e}_i$ の積は，A の第 i 列ベクトル $\boldsymbol{a}_i$ である．すなわち，$A\boldsymbol{e}_i=\boldsymbol{a}_i$ が成り立つ．

3.8 対角行列と単位行列　n 次正方行列 $A=(a_{ij})$ の成分 $a_{11}, a_{22}, \ldots, a_{nn}$ を A の**対角成分**という．n 次正方行列で，対角成分以外の成分がすべて 0 であるものを n 次**対角行列**という．n 次対角行列で，対角成分がすべて 1 であるものを n 次**単位行列**といい，E_n または E で表す．

3.9 行列の積の性質 A, B, C を行列，E を単位行列，O を零行列，t を実数とする．行列の積が定義される場合，次の性質が成り立つ．

(1) 結合法則：$(tA)B = A(tB) = t(AB)$

(2) 結合法則：$(AB)C = A(BC)$

(3) 分配法則：$(A+B)C = AC+BC, \quad A(B+C) = AB+AC$

(4) 単位行列の性質：$AE = A, \quad EA = A$

(5) 零行列の性質：$AO = O, \quad OA = O$

3.10 正方行列の累乗 正方行列 A の k 個の積を A^k で表す．とくに，$A^0 = E$ と定める．

3.11 転置行列 $m \times n$ 型行列 $A = (a_{ij})$ に対して，(ij) 成分が a_{ji} である $n \times m$ 型行列を A の**転置行列**といい，${}^t\!A$ で表す．

3.12 転置行列の性質 実数 t と行列 A, B について，次の式が成り立つ．

(1) ${}^t({}^t\!A) = A$　　(2) ${}^t(sA) = s\,{}^t\!A$

(3) ${}^t(A+B) = {}^t\!A + {}^t\!B$　　(4) ${}^t(AB) = {}^t\!B\,{}^t\!A$

3.13 逆行列 E を単位行列とする．正方行列 A に対して，等式

$$AX = XA = E$$

を満たす正方行列 X が存在するとき，A は**正則**であるまたは**正則行列**という．この行列 X を A の**逆行列**といい，A^{-1} で表す．

3.14 2 次正方行列の行列式 2 次正方行列 $A = \begin{pmatrix} a & b \\ c & d \end{pmatrix}$ の**行列式**を次のように定める．

$$|A| = \begin{vmatrix} a & b \\ c & d \end{vmatrix} = ad - bc$$

$\det A$ と表すこともある．

3.15 2 次正方行列の逆行列 $A = \begin{pmatrix} a & b \\ c & d \end{pmatrix}$ が正則であるための必要十分条件は，$|A| = ad - bc \neq 0$ である．このとき，A の逆行列は

$$A^{-1} = \frac{1}{ad-bc}\begin{pmatrix} d & -b \\ -c & a \end{pmatrix}$$

である．

3.16 逆行列の性質 正方行列 A, B が正則であれば，逆行列 A^{-1} と積 AB も正則で，次のことが成り立つ.

(1) $(A^{-1})^{-1} = A$ (2) $(AB)^{-1} = B^{-1}A^{-1}$

3.17 連立 1 次方程式と行列 x, y についての連立 2 元 1 次方程式

$$\begin{cases} ax + by = p \\ cx + dy = q \end{cases} \qquad \cdots\cdots①$$

は，行列とベクトルを用いて

$$\begin{pmatrix} a & b \\ c & d \end{pmatrix}\begin{pmatrix} x \\ y \end{pmatrix} = \begin{pmatrix} p \\ q \end{pmatrix} \qquad \cdots\cdots②$$

と表すことができる．$A = \begin{pmatrix} a & b \\ c & d \end{pmatrix}$, $\boldsymbol{p} = \begin{pmatrix} p \\ q \end{pmatrix}$ をそれぞれ①の**係数行列**，**定数項ベクトル**という．$\boldsymbol{x} = \begin{pmatrix} x \\ y \end{pmatrix}$ とすると，②は $A\boldsymbol{x} = \boldsymbol{p}$ と表すことができる.

3.18 係数行列が正則な連立 2 元 1 次方程式 2 次正方行列 A が正則ならば，A を係数行列とする連立 2 元 1 次方程式 $A\boldsymbol{x} = \boldsymbol{p}$ はただ 1 組の解 $\boldsymbol{x} = A^{-1}\boldsymbol{p}$ をもつ.

3.19 クラメルの公式 I 連立 2 元 1 次方程式

$$\begin{cases} ax + by = p \\ cx + dy = q \end{cases}$$

の係数行列が正則であるとき，その解は次のようになる.

$$x = \frac{\begin{vmatrix} p & b \\ q & d \end{vmatrix}}{\begin{vmatrix} a & b \\ c & d \end{vmatrix}}, \quad y = \frac{\begin{vmatrix} a & p \\ c & q \end{vmatrix}}{\begin{vmatrix} a & b \\ c & d \end{vmatrix}}$$

A

Q3.1 行列 $A = \begin{pmatrix} 7 & -2 \\ 4 & 0 \\ -1 & 5 \end{pmatrix}$, $B = \begin{pmatrix} -3 & 8 \\ 6 & 9 \end{pmatrix}$, $C = \begin{pmatrix} -5 & 1 & 4 \end{pmatrix}$ について，次を求めよ.

(1) A, B, C の型 (2) A の第 2 行ベクトル (3) B の第 1 列ベクトル

(4) A の $(2,1)$ 成分 (5) B の $(1,2)$ 成分 (6) B の対角成分の和

Q3.2 次の計算をせよ．

(1) $\begin{pmatrix} 3 & 4 \\ -1 & -2 \end{pmatrix} + \begin{pmatrix} 1 & 4 \\ 2 & 7 \end{pmatrix}$　(2) $\begin{pmatrix} -2 & 0 & 3 \\ 2 & 1 & 5 \end{pmatrix} - \begin{pmatrix} -5 & -9 & 4 \\ 1 & 3 & 5 \end{pmatrix}$

(3) $3\begin{pmatrix} 2 \\ 1 \end{pmatrix} - 2\begin{pmatrix} 1 \\ 2 \end{pmatrix}$　(4) $3\begin{pmatrix} -7 & 2 \\ 1 & 5 \end{pmatrix} + 5\begin{pmatrix} 4 & -1 \\ 0 & -2 \end{pmatrix}$

Q3.3 $A = \begin{pmatrix} 1 & 2 \\ 4 & -2 \end{pmatrix}$, $B = \begin{pmatrix} 5 & 1 \\ -4 & 1 \end{pmatrix}$ のとき，$2(4A+3B)-5(A+2B)$ を求めよ．

Q3.4 次の行列の積を計算せよ．

(1) $\begin{pmatrix} 10 & 9 \end{pmatrix}\begin{pmatrix} 10 \\ -9 \end{pmatrix}$　(2) $\begin{pmatrix} 2 & 5 \\ 1 & 2 \end{pmatrix}\begin{pmatrix} 4 \\ -1 \end{pmatrix}$

(3) $\begin{pmatrix} 4 & -2 \end{pmatrix}\begin{pmatrix} 3 & 2 \\ -5 & 1 \end{pmatrix}$　(4) $\begin{pmatrix} 2 & -5 \\ 4 & 1 \end{pmatrix}\begin{pmatrix} -2 & 8 \\ -1 & 2 \end{pmatrix}$

(5) $\begin{pmatrix} 4 & -1 \\ 2 & 0 \end{pmatrix}\begin{pmatrix} 1 & 0 & 5 \\ 2 & 3 & -1 \end{pmatrix}$　(6) $\begin{pmatrix} 1 & 0 & 2 \\ 0 & 3 & 0 \\ 2 & 0 & 1 \end{pmatrix}\begin{pmatrix} 1 & 2 \\ -1 & 1 \\ 0 & 2 \end{pmatrix}$

Q3.5 $A = \begin{pmatrix} -2 & 1 \\ 0 & 3 \end{pmatrix}$，$B = \begin{pmatrix} 1 & -3 \\ 3 & 5 \end{pmatrix}$，$C = \begin{pmatrix} 2 & 4 \\ 1 & 1 \end{pmatrix}$ のとき，次を計算せよ．

(1) $AB - 2BC$　(2) $2AC + BC$　(3) ABC

Q3.6 次の行列 A について，A^2, A^3 を求めよ．

(1) $A = \begin{pmatrix} 3 & -1 \\ 7 & -3 \end{pmatrix}$　(2) $A = \begin{pmatrix} -1 & 2 \\ -2 & 4 \end{pmatrix}$　(3) $A = \begin{pmatrix} 2 & -1 \\ 4 & -2 \end{pmatrix}$

Q3.7 次の行列の転置行列を求めよ．

(1) $\begin{pmatrix} 2 & -3 \\ 3 & 1 \\ -1 & 0 \end{pmatrix}$　(2) $\begin{pmatrix} 1 & -1 \\ -2 & 3 \end{pmatrix}$　(3) $\begin{pmatrix} 1 & -5 & 0 & 2 \end{pmatrix}$

Q3.8 $A = \begin{pmatrix} 2 & -1 \\ 3 & 0 \end{pmatrix}$，$B = \begin{pmatrix} -1 & 4 \\ 2 & 3 \end{pmatrix}$，$\boldsymbol{b} = \begin{pmatrix} -5 \\ 3 \end{pmatrix}$，$\boldsymbol{p} = \begin{pmatrix} x \\ y \end{pmatrix}$ のとき，次の行列を求めよ．

(1) ${}^t(AB)$　(2) ${}^tA\,{}^tB$　(3) ${}^tB\,{}^tA$

(4) ${}^t\boldsymbol{b}\boldsymbol{p}$　(5) ${}^t\boldsymbol{b}\boldsymbol{b}$　(6) ${}^t\boldsymbol{p}A\boldsymbol{p}$

Q3.9　次の行列は正則かどうかを調べ，正則ならばその逆行列を求めよ．

(1) $\begin{pmatrix} -3 & 4 \\ -7 & 8 \end{pmatrix}$　(2) $\begin{pmatrix} 4 & 1 \\ 5 & 2 \end{pmatrix}$　(3) $\begin{pmatrix} 10 & -2 \\ -5 & 1 \end{pmatrix}$　(4) $\begin{pmatrix} \dfrac{\sqrt{3}}{2} & \dfrac{1}{2} \\ -\dfrac{1}{2} & \dfrac{\sqrt{3}}{2} \end{pmatrix}$

Q3.10　$A = \begin{pmatrix} -1 & 2 \\ 4 & 3 \end{pmatrix}$，$B = \begin{pmatrix} 2 & 3 \\ 0 & 1 \end{pmatrix}$ について，次の行列を計算せよ．

(1) $(AB)^{-1}$　(2) $A^{-1}B^{-1}$　(3) $B^{-1}A^{-1}$

Q3.11　行列を用いて，次の連立 2 元 1 次方程式を解け．

(1) $\begin{cases} x + y = 1 \\ 3x + 4y = -1 \end{cases}$　(2) $\begin{cases} 3x - 2y = 11 \\ 2x + 3y = 3 \end{cases}$　(3) $\begin{cases} 13x + 19y = 2 \\ 11x + 17y = -2 \end{cases}$

Q3.12　クラメルの公式を用いて，次の連立 2 元 1 次方程式を解け．

(1) $\begin{cases} 5x - 3y = -13 \\ 2x + y = -3 \end{cases}$　(2) $\begin{cases} 8x + 7y = 5 \\ 3x + 4y = 1 \end{cases}$

B

Q3.13　(i, j) 成分 a_{ij} が次の式で表されるような 3×3 型行列を求めよ．

→ まとめ 3.1

(1) $a_{ij} = i^3 + j^3$　(2) $a_{ij} = i^2 - j^2$　(3) $a_{ij} = \dfrac{j}{i}$

Q3.14　$A = \begin{pmatrix} 4 & 5 \\ 2 & -2 \end{pmatrix}$, $B = \begin{pmatrix} -8 & 5 \\ 6 & 4 \end{pmatrix}$, $O = \begin{pmatrix} 0 & 0 \\ 0 & 0 \end{pmatrix}$ とするとき，次の問いに答えよ．

→ まとめ 3.3, 3.4, 3.5

(1) 等式 $2A - 4B + 5X = O$ を満たす行列 X を求めよ．

(2) 2 つの等式 $U + V = A$, $U - V = B$ を満たす行列 U, V を求めよ．

Q3.15　A, B, E は同じ型の正方行列で，E は単位行列とする．次の式を展開して簡単にせよ．

→ まとめ 3.9, 3.10

(1) $(A + B)^2 - (A - B)^2$　(2) $(A + E)^2 - (A - E)^2$

例題 3.1

行列 $A=\begin{pmatrix} 2 & 1 \\ -3 & -2 \end{pmatrix}$ について，次の問いに答えよ．ただし，E を 2 次の単位行列とする．

(1) A^2 を求めよ．

(2) n を自然数とするとき，$A^n=\begin{cases} A & (n\text{が奇数のとき}) \\ E & (n\text{が偶数のとき}) \end{cases}$ が成り立つことを示せ．

解 (1) $A^2=E$

(2) n が奇数のときは，$n=2k-1$（k は自然数）とかくと，

$$A^n=A^{2k-1}=A^{2(k-1)}\cdot A=(A^2)^{k-1}\cdot A=E^{k-1}\cdot A=A$$

となる．n が偶数のときは，$n=2k$（k は自然数）とかくと，

$$A^n=A^{2k}=(A^2)^k=E^k=E$$

となる．

Q3.16 行列 $A=\begin{pmatrix} -2 & -1 \\ 3 & 1 \end{pmatrix}$ について，次の問いに答えよ．ただし，E を 2 次の単位行列とする．

(1) A^2, A^3 を求めよ．

(2) n を自然数とするとき，$A^n=\begin{cases} A & (n\text{を 3 で割った余りが 1 のとき}) \\ A^2 & (n\text{を 3 で割った余りが 2 のとき}) \\ E & (n\text{が 3 で割り切れるとき}) \end{cases}$

が成り立つことを示せ．

例題 3.2

$R(\theta)=\begin{pmatrix} \cos\theta & -\sin\theta \\ \sin\theta & \cos\theta \end{pmatrix}$ とするとき，自然数 n に対して

$$R(\theta)^n=\begin{pmatrix} \cos n\theta & -\sin n\theta \\ \sin n\theta & \cos n\theta \end{pmatrix} \quad \cdots\cdots ①$$

が成り立つことを示せ．

解　n についての数学的帰納法で示す．$n=1$ のときは明らかに成り立つ．
$n=k$ のときに①が成り立つとすると，

$$
\begin{aligned}
R(\theta)^{k+1} &= R(\theta)^k \cdot R(\theta) \\
&= \begin{pmatrix} \cos k\theta & -\sin k\theta \\ \sin k\theta & \cos k\theta \end{pmatrix} \begin{pmatrix} \cos\theta & -\sin\theta \\ \sin\theta & \cos\theta \end{pmatrix} \\
&= \begin{pmatrix} \cos k\theta\cos\theta - \sin k\theta\sin\theta & -\cos k\theta\sin\theta - \sin k\theta\cos\theta \\ \sin k\theta\cos\theta + \cos k\theta\sin\theta & -\sin k\theta\sin\theta + \cos k\theta\cos\theta \end{pmatrix} \\
&= \begin{pmatrix} \cos(k\theta+\theta) & -\sin(k\theta+\theta) \\ \sin(k\theta+\theta) & \cos(k\theta+\theta) \end{pmatrix} = \begin{pmatrix} \cos(k+1)\theta & -\sin(k+1)\theta \\ \sin(k+1)\theta & \cos(k+1)\theta \end{pmatrix}
\end{aligned}
$$

となり，$n=k+1$ のときも①が成り立つ．したがって，すべての自然数 n について①が成り立つ．

Q3.17　$A(\theta) = \begin{pmatrix} \cos\theta & 0 & -\sin\theta \\ 0 & 1 & 0 \\ \sin\theta & 0 & \cos\theta \end{pmatrix}$ とするとき，次の問いに答えよ．

(1) 任意の実数 α, β について，$A(\alpha)A(\beta) = A(\alpha+\beta)$ が成り立つことを示せ．

(2) $X = \begin{pmatrix} 1 & 0 & -1 \\ 0 & \sqrt{2} & 0 \\ 1 & 0 & 1 \end{pmatrix}$ のとき，X^{20} を求めよ．

例題 3.3

$A = \begin{pmatrix} a & b \\ c & d \end{pmatrix}$ について，次の問いに答えよ．ただし，E, O はそれぞれ 2 次単位行列と 2 次零行列である．

→ まとめ 3.5〜3.10

(1) $(A-aE)(A-dE)$ を求めよ．

(2) $A^2 - (a+d)A + (ad-bc)E = O$ が成り立つことを示せ（これを**ケイリー・ハミルトンの定理**という）．

解　(1) $(A-aE)(A-dE) = \begin{pmatrix} 0 & b \\ c & d-a \end{pmatrix} \begin{pmatrix} a-d & b \\ c & 0 \end{pmatrix} = \begin{pmatrix} bc & 0 \\ 0 & bc \end{pmatrix} = bcE$

(2) (1) の結果から，$A^2-(a+d)A+adE=(A-aE)(A-dE)=bcE$ である．よって，$A^2-(a+d)A+(ad-bc)E=O$ となる．

例題 3.4

$A=\begin{pmatrix} 4 & 1 \\ -2 & 1 \end{pmatrix}$ について，次の問いに答えよ．ただし，n は自然数とする．

(1) x^n を x^2-5x+6 で割った余りを求めよ．　(2) A^n を求めよ．

解 (1) x^n を x^2-5x+6 で割った商と余りをそれぞれ $Q(x)$, $ax+b$ とすると，

$$x^n=(x^2-5x+6)Q(x)+ax+b \qquad \cdots\cdots①$$

となる．$x=2,3$ を代入することにより，$\begin{cases} 2^n = 2a+b \\ 3^n = 3a+b \end{cases}$ を得る．これを解いて，

$\begin{cases} a = -2^n+3^n \\ b = 3\cdot 2^n-2\cdot 3^n \end{cases}$ となるので，求める余りは $(-2^n+3^n)x+(3\cdot 2^n-2\cdot 3^n)$ である．

(2) ケイリー・ハミルトンの定理から，$A^2-5A+6E=O$ が成り立つ．①の変数 x を行列 A に置き換えた式を考えると，

$$A^n=(A^2-5A+6E)Q(A)+aA+bE=aA+bE$$

となる．よって，

$$A^n=aA+bE$$
$$=a\begin{pmatrix} 4 & 1 \\ -2 & 1 \end{pmatrix}+b\begin{pmatrix} 1 & 0 \\ 0 & 1 \end{pmatrix}=\begin{pmatrix} 4a+b & a \\ -2a & a+b \end{pmatrix}=\begin{pmatrix} -2^n+2\cdot 3^n & -2^n+3^n \\ 2\cdot 2^n-2\cdot 3^n & 2\cdot 2^n-3^n \end{pmatrix}$$

である．

Q3.18 $A=\begin{pmatrix} 3 & 1 \\ 2 & 4 \end{pmatrix}$ について，A^n を求めよ．ただし，n は自然数とする．

Q3.19 n 次正方行列 A, B が正則であるとき，次の問いに答えよ．

→ まとめ 3.11〜3.13, 3.16

(1) ${}^tA$ は正則であり，${}^tA$ の逆行列は ${}^t\left(A^{-1}\right)$ であることを示せ．

(2) ${}^tA\,{}^tB$ は正則であり，${}^tA\,{}^tB$ の逆行列は ${}^t\left(B^{-1}\right){}^t\left(A^{-1}\right)$ であることを示せ．

Q3.20　実数 θ に対して $R(\theta) = \begin{pmatrix} \cos\theta & -\sin\theta \\ \sin\theta & \cos\theta \end{pmatrix}$ とおくとき，次の問いに答えよ．

→ **まとめ** 3.13〜3.15, 3.17, 3.18

(1) $R(\theta)$ は正則であり，$R(\theta)^{-1} = R(-\theta)$ であることを示せ．

(2) x, y に関する連立 2 元 1 次方程式

$$\begin{cases} \cos\theta \cdot x - \sin\theta \cdot y = \cos\alpha \\ \sin\theta \cdot x + \cos\theta \cdot y = \sin\alpha \end{cases}$$

を解け．ただし，α は実数である．

C

Q3.21　次の問いに答えよ．

(1) $A = \begin{pmatrix} 2 & 2 & 0 \\ -2 & 1 & 5 \end{pmatrix}$, $B = \begin{pmatrix} 3 & -4 \\ 1 & 2 \\ -2 & 0 \end{pmatrix}$ とするとき，AB と BA を求めよ．

（類題：福井大学）

(2) $A = \begin{pmatrix} 2 & 2 & 0 \\ 2 & 2 & 3 \\ -2 & 0 & 1 \end{pmatrix}$, $B = \begin{pmatrix} 4 & 1 & 0 \\ 1 & 2 & 0 \\ 0 & 0 & -1 \end{pmatrix}$ とするとき，${}^t(AB)$ を求めよ．

（類題：豊橋技術科学大学）

Q3.22　n 次正方行列 A, B について，次の問いに答えよ．ただし，E を n 次単位行列とする．　（類題：名古屋大学）

(1) A と B が正則ならば，AB も正則であることを示せ．

(2) A と $A + B$ が正則ならば，$A^2 + AB$ も正則であることを示せ．

Q3.23　$A = \begin{pmatrix} a & b \\ c & d \end{pmatrix}$, $P = \begin{pmatrix} 2 & 0 \\ 0 & 3 \end{pmatrix}$, $Q = \begin{pmatrix} 0 & 1 \\ 1 & 0 \end{pmatrix}$ とする．次の問いに答えよ．

(1) $AP = PA$ となる条件を求めよ．

(2) $AQ = QA$ となる条件を求めよ．　（類題：名古屋大学）

Q3.24　行列 $A = \begin{pmatrix} m & m+3 \\ 1-m & -m \end{pmatrix}$ について，以下の問いに答えよ．ただし，m は実数とする．また，2 次単位行列を E とせよ．　（類題：三重大学）

(1) A^2 を求めよ．　(2) A が逆行列をもたないとき，m の値を求めよ．

(3) $A^{-1} = A$ となるような m の値を求めよ．

Q3.25 $A=\begin{pmatrix}0&0&1\\1&0&0\\0&1&0\end{pmatrix}$ とするとき，次の問いに答えよ．（類題：奈良女子大学）

(1) A^2, A^3 を求めよ．　(2) n を自然数とするとき，A^n を求めよ．

Q3.26 $A=\begin{pmatrix}1&1\\-1&1\end{pmatrix}$ とする．（類題：東北大学）

(1) A^2, A^4, A^8 を計算せよ．

(2) 等式 $a_0=0$, $a_1=1$, $\begin{pmatrix}a_{n+2}\\a_{n+3}\end{pmatrix}=A\begin{pmatrix}a_n\\a_{n+1}\end{pmatrix}$ が成り立つように a_0, a_1, $a_2, \ldots$ を決めるとき，a_{16} と a_{17} の値を求めよ．

Q3.27 $A=\begin{pmatrix}2&1\\0&2\end{pmatrix}$ とするとき，自然数 n について，等式 $A^n=\begin{pmatrix}2^n&n2^{n-1}\\0&2^n\end{pmatrix}$ が成り立つことを示せ．（類題：東北大学）

Q3.28 $A=\begin{pmatrix}0&1&0\\1&0&0\\0&1&1\end{pmatrix}$ とするとき．次の問いに答えよ．ただし，E を 3 次単位行列とする．（類題：名古屋工業大学）

(1) $A^3=A+A^2-E$ が成り立つことを示せ．

(2) $n \geqq 2$ のとき，$A^n=A^{n-2}+A^2-E$ が成り立つことを示せ．ただし，$A^0=E$ とする．

(3) A^{100} を求めよ．

4 行列式

まとめ

4.1 3 次正方行列の行列式　3 次正方行列 $A=\begin{pmatrix} a_1 & b_1 & c_1 \\ a_2 & b_2 & c_2 \\ a_3 & b_3 & c_3 \end{pmatrix}$ の行列式を

$$|A|=\begin{vmatrix} a_1 & b_1 & c_1 \\ a_2 & b_2 & c_2 \\ a_3 & b_3 & c_3 \end{vmatrix}=a_1b_2c_3+a_2b_3c_1+a_3b_1c_2 \\ -a_1b_3c_2-a_2b_1c_3-a_3b_2c_1$$

と定める.

4.2 連立 3 元 1 次方程式のクラメルの公式　連立 3 元 1 次方程式

$\begin{cases} a_1x+b_1y+c_1z=p_1 \\ a_2x+b_2y+c_2z=p_2 \\ a_3x+b_3y+c_3z=p_3 \end{cases}$ の解は，係数行列の行列式が 0 でないとき，次の式で

与えられる.

$$x_1=\frac{\begin{vmatrix} p_1 & b_1 & c_1 \\ p_2 & b_2 & c_2 \\ p_3 & b_3 & c_3 \end{vmatrix}}{\begin{vmatrix} a_1 & b_1 & c_1 \\ a_2 & b_2 & c_2 \\ a_3 & b_3 & c_3 \end{vmatrix}},\quad y=\frac{\begin{vmatrix} a_1 & p_1 & c_1 \\ a_2 & p_2 & c_2 \\ a_3 & p_3 & c_3 \end{vmatrix}}{\begin{vmatrix} a_1 & b_1 & c_1 \\ a_2 & b_2 & c_2 \\ a_3 & b_3 & c_3 \end{vmatrix}},\quad z=\frac{\begin{vmatrix} a_1 & b_1 & p_1 \\ a_2 & b_2 & p_2 \\ a_3 & b_3 & p_3 \end{vmatrix}}{\begin{vmatrix} a_1 & b_1 & c_1 \\ a_2 & b_2 & c_2 \\ a_3 & b_3 & c_3 \end{vmatrix}}$$

4.3 偶順列・奇順列　1 から n までの自然数を 1 列に並べてできる順列 $P=(i, j, \ldots, k)$ を，2 つの数を交換するという作業を何回か繰り返して，自然な順列 $(1, 2, \ldots, n)$ に直すとき，交換回数が偶数ならば P は**偶順列**，奇数ならば**奇順列**であるという.

4.4 順列の符号 順列 $P = (i, j, \ldots, k)$ に対して，

$$\varepsilon(i, j, \ldots, k) = \begin{cases} +1 & ((i, j, \ldots, k) \text{ が偶順列のとき}) \\ -1 & ((i, j, \ldots, k) \text{ が奇順列のとき}) \end{cases}$$

を P の符号という．

4.5 行列式の定義 n 次正方行列 $A = (a_{ij})$ に対して，A の行列式 $|A|$ を次のように定める．

$$|A| = \sum_{(i, j, \ldots, k)} \varepsilon(i, j, \ldots, k) a_{i1} a_{j2} \cdots a_{kn}$$

ここで，$\displaystyle\sum_{(i, j, \ldots, k)}$ は，$\{1, 2, \ldots, n\}$ のすべての順列 $(i, j, \ldots, k)$ についての和をとることを意味する．

4.6 特別な列をもつ行列の行列式 次の性質は，行列式の値を求めるためによく使われる．

$$\begin{vmatrix} a_{11} & a_{12} & \cdots & a_{1n} \\ 0 & a_{22} & \cdots & a_{2n} \\ \vdots & \vdots & \ddots & \vdots \\ 0 & a_{n2} & \cdots & a_{nn} \end{vmatrix} = a_{11} \begin{vmatrix} a_{22} & \cdots & a_{2n} \\ \vdots & \ddots & \vdots \\ a_{n2} & \cdots & a_{nn} \end{vmatrix}$$

4.7 三角行列の行列式 正方行列の対角成分より下にある成分がすべて 0 である行列を**上三角行列**といい，対角成分より上にある成分がすべて 0 である行列を**下三角行列**という．上三角行列と下三角行列をあわせて**三角行列**という．三角行列の行列式は，対角成分の積に等しい．

$$\begin{vmatrix} a_{11} & * & \cdots & * \\ 0 & a_{22} & \ddots & \vdots \\ \vdots & \ddots & \ddots & * \\ 0 & \cdots & 0 & a_{nn} \end{vmatrix} = \begin{vmatrix} a_{11} & 0 & \cdots & 0 \\ * & a_{22} & \ddots & \vdots \\ \vdots & \ddots & \ddots & 0 \\ * & \cdots & * & a_{nn} \end{vmatrix} = a_{11} a_{22} \cdots a_{nn}$$

ここで，$*$ は任意の数である．

4.8 転置行列の行列式　転置行列の行列式は，もとの行列の行列式に等しい．

$$|{}^tA| = |A| \quad \text{すなわち} \quad \begin{vmatrix} a_{11} & a_{21} & \cdots & a_{n1} \\ a_{12} & a_{22} & \cdots & a_{n2} \\ \vdots & \vdots & \ddots & \vdots \\ a_{1n} & a_{2n} & \cdots & a_{nn} \end{vmatrix} = \begin{vmatrix} a_{11} & a_{12} & \cdots & a_{1n} \\ a_{21} & a_{22} & \cdots & a_{2n} \\ \vdots & \vdots & \ddots & \vdots \\ a_{n1} & a_{n2} & \cdots & a_{nn} \end{vmatrix}$$

したがって，行についての行列式の性質は，列についても成り立つ．

4.9 行列式の行と列に関する線形性　行列式は次の性質をもつ．

(1) 1 つの行の共通因数をくくり出すことができる．たとえば，次の等式が成り立つ．

$$\begin{vmatrix} a_1 & b_1 & c_1 \\ ta_2 & tb_2 & tc_2 \\ a_3 & b_3 & c_3 \end{vmatrix} = t \begin{vmatrix} a_1 & b_1 & c_1 \\ a_2 & b_2 & c_2 \\ a_3 & b_3 & c_3 \end{vmatrix}$$

(2) 1 つの行が 2 つの行ベクトルの和になっている行列式は，それぞれの行ベクトルを行とする行列式の和に等しい．たとえば，次の等式が成り立つ．

$$\begin{vmatrix} a_1 & b_1 & c_1 \\ a_2 + a_2' & b_2 + b_2' & c_2 + c_2' \\ a_3 & b_3 & c_3 \end{vmatrix} = \begin{vmatrix} a_1 & b_1 & c_1 \\ a_2 & b_2 & c_2 \\ a_3 & b_3 & c_3 \end{vmatrix} + \begin{vmatrix} a_1 & b_1 & c_1 \\ a_2' & b_2' & c_2' \\ a_3 & b_3 & c_3 \end{vmatrix}$$

これらの性質は列についても成り立つ．

4.10 行列式の交代性　(1) 2 つの行を入れ替えると符号が変わる．たとえば，次の等式が成り立つ．

$$\begin{vmatrix} a_1 & b_1 & c_1 \\ a_2 & b_2 & c_2 \\ a_3 & b_3 & c_3 \end{vmatrix} = - \begin{vmatrix} a_2 & b_2 & c_2 \\ a_1 & b_1 & c_1 \\ a_3 & b_3 & c_3 \end{vmatrix}$$

(2) 2 つの行が等しければ，行列式は 0 である．たとえば，次の等式が成り立つ．

$$\begin{vmatrix} a_1 & b_1 & c_1 \\ a_1 & b_1 & c_1 \\ a_3 & b_3 & b_3 \end{vmatrix} = 0$$

これらの性質は列についても成り立つ．

4.11 基本変形と行列式

(1) 1 つの行を t 倍すると，行列式の値は t 倍になる．

(2) 2 つの行を交換すると，行列式の符号が変わる．

(3) 1 つの行に別の行の t 倍を加えても，行列式の値は変わらない．

これらの変形を**行の基本変形**という．列についても同様のことが成り立つ．

4.12 行列の積の行列式 2 つの正方行列の積の行列式は，それぞれの行列の行列式の積に等しい．すなわち，次の式が成り立つ．

$$|AB| = |A||B|$$

4.13 正則行列の行列式 正方行列 A が正則ならば $|A| \neq 0$ であり，$|A^{-1}| = \dfrac{1}{|A|}$ が成り立つ．

4.14 (i, j) 余因子 n 次正方行列 $A = (a_{ij})$ において，その第 i 行と第 j 列を取り除いた $n-1$ 次正方行列の行列式に，$(-1)^{i+j}$ をかけたものを A の $\boldsymbol{(i, j)}$ **余因子**といい，$\widetilde{a}_{ij}$ で表す．

4.15 行列式の余因子展開 n 次正方行列 $A = (a_{ij})$ について，次のことが成り立つ．

(1) 第 i 行についての余因子展開： $|A| = a_{i1}\widetilde{a}_{i1} + a_{i2}\widetilde{a}_{i2} + \cdots + a_{in}\widetilde{a}_{in}$

(2) 第 j 列についての余因子展開： $|A| = a_{1j}\widetilde{a}_{1j} + a_{2j}\widetilde{a}_{2j} + \cdots + a_{nj}\widetilde{a}_{nj}$

4.16 余因子行列 n 次正方行列 $A = (a_{ij})$ に対して，(i, j) 成分が A の (j, i) 余因子 $\widetilde{a}_{ji}$ である n 次正方行列

$$\widetilde{A} = (\widetilde{a}_{ji}) = \begin{pmatrix} \widetilde{a}_{11} & \widetilde{a}_{21} & \cdots & \widetilde{a}_{n1} \\ \widetilde{a}_{12} & \widetilde{a}_{22} & \cdots & \widetilde{a}_{n2} \\ \vdots & \vdots & \ddots & \vdots \\ \widetilde{a}_{1n} & \widetilde{a}_{2n} & \cdots & \widetilde{a}_{nn} \end{pmatrix}$$

を A の**余因子行列**という．

4.17 正則行列とその逆行列　n 次正方行列 $A=(a_{ij})$ について，次のことが成り立つ．

(1) A が正則 $\Leftrightarrow |A| \neq 0$

(2) $|A| \neq 0$ のとき，A の余因子行列を $\widetilde{A}$ とすると，A の逆行列は次の式で表される．

$$A^{-1} = \frac{1}{|A|}\widetilde{A} = \frac{1}{|A|}\begin{pmatrix} \widetilde{a}_{11} & \widetilde{a}_{21} & \cdots & \widetilde{a}_{n1} \\ \widetilde{a}_{12} & \widetilde{a}_{22} & \cdots & \widetilde{a}_{n2} \\ \vdots & \vdots & \ddots & \vdots \\ \widetilde{a}_{1n} & \widetilde{a}_{2n} & \cdots & \widetilde{a}_{nn} \end{pmatrix}$$

4.18 平行四辺形の面積と行列式　ベクトル $\boldsymbol{a}, \boldsymbol{b}$ が作る平行四辺形の面積を S とするとき，次が成り立つ．

(1) $\boldsymbol{a} = \begin{pmatrix} a_1 \\ a_2 \end{pmatrix}, \boldsymbol{b} = \begin{pmatrix} b_1 \\ b_2 \end{pmatrix}$ のとき

$$S = \begin{vmatrix} a_1 & b_1 \\ a_2 & b_2 \end{vmatrix} \text{の絶対値}$$

(2) $\boldsymbol{a} = \begin{pmatrix} a_1 \\ a_2 \\ a_3 \end{pmatrix}, \boldsymbol{b} = \begin{pmatrix} b_1 \\ b_2 \\ b_3 \end{pmatrix}$ のとき

$$S = \sqrt{\begin{vmatrix} a_2 & b_2 \\ a_3 & b_3 \end{vmatrix}^2 + \begin{vmatrix} a_1 & b_1 \\ a_3 & b_3 \end{vmatrix}^2 + \begin{vmatrix} a_1 & b_1 \\ a_2 & b_2 \end{vmatrix}^2}$$

4.19 ベクトルの外積　$\boldsymbol{a} = a_1\boldsymbol{e}_1 + a_2\boldsymbol{e}_2 + a_3\boldsymbol{e}_3, \boldsymbol{b} = b_1\boldsymbol{e}_1 + b_2\boldsymbol{e}_2 + b_3\boldsymbol{e}_3$ に対して，$\boldsymbol{a}, \boldsymbol{b}$ の外積 $\boldsymbol{a} \times \boldsymbol{b}$ を次のように定める．

$$\begin{aligned} \boldsymbol{a} \times \boldsymbol{b} &= \begin{vmatrix} \boldsymbol{e}_1 & a_1 & b_1 \\ \boldsymbol{e}_2 & a_2 & b_2 \\ \boldsymbol{e}_3 & a_3 & b_3 \end{vmatrix} \\ &= \begin{vmatrix} a_2 & b_2 \\ a_3 & b_3 \end{vmatrix}\boldsymbol{e}_1 - \begin{vmatrix} a_1 & b_1 \\ a_3 & b_3 \end{vmatrix}\boldsymbol{e}_2 + \begin{vmatrix} a_1 & b_1 \\ a_2 & b_2 \end{vmatrix}\boldsymbol{e}_3 \end{aligned}$$

ただし，$\boldsymbol{e}_1, \boldsymbol{e}_2, \boldsymbol{e}_3$ は座標空間の基本ベクトルである．

4.20 ベクトルの外積の性質

(1) $\boldsymbol{a}\times\boldsymbol{b}\neq\boldsymbol{0}$ のとき，$\boldsymbol{a}\times\boldsymbol{b}$ は $\boldsymbol{a}$ と $\boldsymbol{b}$ に垂直である．

(2) $|\boldsymbol{a}\times\boldsymbol{b}|$ は，$\boldsymbol{a}$ と $\boldsymbol{b}$ が作る平行四辺形の面積に等しい．

4.21 平行六面体の体積と行列式 $\boldsymbol{a}=\begin{pmatrix}a_1\\a_2\\a_3\end{pmatrix}$, $\boldsymbol{b}=\begin{pmatrix}b_1\\b_2\\b_3\end{pmatrix}$, $\boldsymbol{c}=\begin{pmatrix}c_1\\c_2\\c_3\end{pmatrix}$ が作る平行六面体の体積を V とするとき，次が成り立つ．

$$V^2=\begin{vmatrix}a_1&b_1&c_1\\a_2&b_2&c_2\\a_3&b_3&c_3\end{vmatrix}^2$$

A

Q4.1 次の行列式の値を求めよ．

(1) $\begin{vmatrix}3&2\\2&1\end{vmatrix}$ (2) $\begin{vmatrix}4&1\\-2&1\end{vmatrix}$ (3) $\begin{vmatrix}\frac{4}{3}&\frac{1}{3}\\-\frac{2}{3}&\frac{4}{3}\end{vmatrix}$ (4) $\begin{vmatrix}5&-1\\3&1\end{vmatrix}$

(5) $\begin{vmatrix}1&0&-1\\-3&1&1\\-6&3&1\end{vmatrix}$ (6) $\begin{vmatrix}9&-3&1\\4&2&1\\1&1&1\end{vmatrix}$ (7) $\begin{vmatrix}1&2&3\\2&1&2\\3&2&1\end{vmatrix}$ (8) $\begin{vmatrix}1&1&1\\-1&2&1\\1&4&1\end{vmatrix}$

Q4.2 クラメルの公式によって，次の連立 1 次方程式を解け．

(1) $\begin{cases}-x+y-z=1\\2x-y+3z=-2\\-x+5y+z=3\end{cases}$ (2) $\begin{cases}3x+5y-2z=1\\4x-6y+7z=-1\\5x+8y-3z=2\end{cases}$

(3) $\begin{cases}2x-3z=1\\-y+z=3\\x-2y=-2\end{cases}$ (4) $\begin{cases}x+2y-3z=1\\-y+z=1\\x-2y-z=-2\end{cases}$

Q4.3 次の順列の符号を求めよ．

(1) (3, 1, 2) (2) (2, 4, 1, 3) (3) (3, 1, 4, 2) (4) (4, 3, 1, 5, 2)

Q4.4　次の行列式の値を求めよ．

(1) $\begin{vmatrix} 3 & 8 & 7 \\ 0 & -1 & 0 \\ 0 & 0 & 3 \end{vmatrix}$　　(2) $\begin{vmatrix} 2 & 11 & 7 \\ 0 & 5 & -8 \\ 0 & 0 & 3 \end{vmatrix}$　　(3) $\begin{vmatrix} 4 & -5 & 8 & 13 \\ 0 & -1 & 6 & -3 \\ 0 & 0 & 2 & 7 \\ 0 & 0 & 0 & 3 \end{vmatrix}$

Q4.5　次の行列式の値を求めよ．

(1) $\begin{vmatrix} 4 & 2 & 3 \\ 0 & 1 & -2 \\ 0 & -1 & 5 \end{vmatrix}$　　(2) $\begin{vmatrix} 1 & 3 & -6 \\ -10 & -31 & 58 \\ -4 & -10 & 25 \end{vmatrix}$

(3) $\begin{vmatrix} -25 & -11 & -5 \\ 510 & 201 & 100 \\ 5 & 2 & 1 \end{vmatrix}$　　(4) $\begin{vmatrix} 2 & 3 & 0 & 5 \\ -1 & 5 & 3 & 0 \\ 1 & -2 & 3 & -4 \\ 3 & -2 & -1 & 3 \end{vmatrix}$

Q4.6　正方行列 A, B について次のことを示せ．

(1) $AB = A$ ならば，$|A| = 0$ または $|B| = 1$ である．

(2) A が正則ならば，$|A^{-1}BA| = |B|$ である．

Q4.7　$A = \begin{pmatrix} 2 & 3 & 5 \\ 0 & -1 & 4 \\ 0 & 0 & 2 \end{pmatrix}$, $B = \begin{pmatrix} 3 & 0 & 0 \\ 2 & -1 & 0 \\ 2 & 4 & 2 \end{pmatrix}$ とするとき，次の行列式を求めよ．

(1) $|A|$　　(2) $|B|$　　(3) $|AB|$　　(4) $|A^2|$

Q4.8　次の行列の指定された余因子を求めよ．

(1) $A = \begin{pmatrix} 4 & 7 \\ -8 & 6 \end{pmatrix}$ のとき，$\tilde{a}_{11}, \tilde{a}_{12}, \tilde{a}_{21}, \tilde{a}_{22}$

(2) $A = \begin{pmatrix} 7 & -2 & 6 \\ 3 & 0 & -4 \\ -1 & 8 & 5 \end{pmatrix}$ のとき，$\tilde{a}_{12}, \tilde{a}_{22}, \tilde{a}_{23}, \tilde{a}_{31}$

Q4.9　次の行列式の値を，(　) 内の行または列についての余因子展開を用いて求めよ．

(1) $\begin{vmatrix} 5 & -2 & 4 \\ 1 & 2 & -3 \\ -3 & 0 & 2 \end{vmatrix}$　(第3行)　　(2) $\begin{vmatrix} 2 & 2 & -1 & 1 \\ 3 & -2 & 1 & -2 \\ -2 & 1 & 3 & 1 \\ 1 & -1 & 2 & -1 \end{vmatrix}$　(第2列)

Q4.10 次の行列が正則であるかどうか調べ，正則であるときは，その逆行列を求めよ．

(1) $\begin{pmatrix} 1 & -2 & 1 \\ -2 & 1 & -1 \\ 2 & 2 & -1 \end{pmatrix}$ (2) $\begin{pmatrix} 1 & -2 & -5 \\ 1 & -3 & 2 \\ 0 & -1 & -3 \end{pmatrix}$

Q4.11 次のような 3 点 A, B, C に対して，$\overrightarrow{\mathrm{AB}}, \overrightarrow{\mathrm{AC}}$ が作る平行四辺形の面積を求めよ．

(1) $\mathrm{A}(2,1), \mathrm{B}(0,2), \mathrm{C}(1,5)$

(2) $\mathrm{A}(-2,-5), \mathrm{B}(-1,2), \mathrm{C}(3,0)$

(3) $\mathrm{A}(0,-1,2), \mathrm{B}(2,-3,1), \mathrm{C}(3,-5,0)$

(4) $\mathrm{A}(3,-1,0), \mathrm{B}(2,3,0), \mathrm{C}(-3,5,0)$

Q4.12 $\boldsymbol{a} = \begin{pmatrix} 2 \\ -1 \\ 4 \end{pmatrix}, \boldsymbol{b} = \begin{pmatrix} 1 \\ 2 \\ -2 \end{pmatrix}, \boldsymbol{c} = \begin{pmatrix} -2 \\ -3 \\ 1 \end{pmatrix}$ について，次の外積を求めよ．

(1) $\boldsymbol{a} \times \boldsymbol{b}$ (2) $\boldsymbol{b} \times \boldsymbol{c}$ (3) $\boldsymbol{c} \times \boldsymbol{a}$

Q4.13 次の平行六面体の体積を求めよ．ただし，原点を O とする．

(1) 空間内の 3 点 $\mathrm{A}(-1,3,-1), \mathrm{B}(1,-4,-1), \mathrm{C}(-4,3,-2)$ について，$\overrightarrow{\mathrm{OA}}, \overrightarrow{\mathrm{OB}}, \overrightarrow{\mathrm{OC}}$ が作る平行六面体

(2) 空間内の 4 点 $\mathrm{A}(2,-1,1)$, $\mathrm{B}(5,-2,4)$, $\mathrm{C}(-3,3,-1)$, $\mathrm{D}(3,0,3)$ について，$\overrightarrow{\mathrm{AB}}, \overrightarrow{\mathrm{AC}}, \overrightarrow{\mathrm{AD}}$ が作る平行六面体

B

Q4.14 次の行列式の値を求めよ． → まとめ 4.1, 4.6, 4.11, Q4.5

(1) $\begin{vmatrix} 1 & 2 & 2 & 0 \\ 1 & 2 & 0 & 2 \\ 1 & 0 & 2 & 2 \\ 0 & 1 & 1 & 1 \end{vmatrix}$ (2) $\begin{vmatrix} 1 & 1 & 1 & 0 \\ 1 & -1 & 2 & -2 \\ 1 & 1 & 4 & 4 \\ 1 & -1 & 8 & 8 \end{vmatrix}$ (3) $\begin{vmatrix} 1 & 1 & 1 & 1 \\ 1 & 2 & 3 & 4 \\ 1 & 4 & 6 & 16 \\ 1 & 8 & 9 & 64 \end{vmatrix}$

Q4.15 次の問いに答えよ． → まとめ 4.9

(1) $|A|$ が 4 次正方行列の行列式で $|A| = 3$ のとき，$|2A|$ の値を求めよ．

(2) $|A|$ が 3 次正方行列の行列式で $|-A| = 3$ のとき，$|A|$ の値を求めよ．

Q4.16　次の方程式を満たす x の値を求めよ．　→ まとめ 3.14, 4.1

(1) $\begin{vmatrix} 4-x & 5 \\ 3 & 2-x \end{vmatrix} = 0$　　(2) $\begin{vmatrix} 1-x & 1 & 1 \\ 0 & -x & 1 \\ 2 & 0 & -1-x \end{vmatrix} = 0$

例題 4.1

行列式 $\begin{vmatrix} b+c & a-c & a-b \\ b-c & c+a & b-a \\ c-b & c-a & a+b \end{vmatrix}$ の値を求めよ．

解　行の基本変形を行う．

$$\begin{vmatrix} b+c & a-c & a-b \\ b-c & c+a & b-a \\ c-b & c-a & a+b \end{vmatrix} = \begin{vmatrix} b+c & a-c & a-b \\ 2b & 2a & 0 \\ 2c & 0 & 2a \end{vmatrix} \quad \text{[第 1 行を第 2 行と第 3 行に加えた]}$$

$$= 4\begin{vmatrix} b+c & a-c & a-b \\ b & a & 0 \\ c & 0 & a \end{vmatrix}$$

$$= 4\begin{vmatrix} 0 & -c & -b \\ b & a & 0 \\ c & 0 & a \end{vmatrix} \quad \text{[第 1 行から第 2 行と第 3 行を引いた]}$$

$$= 4 \cdot 2abc = 8abc$$

Q4.17　次の行列式の値を求めよ．

(1) $\begin{vmatrix} a & a & b+c \\ b & c+a & b \\ a+b & c & c \end{vmatrix}$　　(2) $\begin{vmatrix} 1+ax & 1+ay & 1+az \\ 1+bx & 1+by & 1+bz \\ 1+cx & 1+cy & 1+cz \end{vmatrix}$

例題 4.2

行列式 $\begin{vmatrix} a & b & c \\ a^2 & b^2 & c^2 \\ bc & ca & ab \end{vmatrix}$ を因数分解せよ．

解　与えられた行列式を D とおく．第 2 列の -1 倍を第 1 列に加え，第 3 列の -1 倍を第 2 列に加えると，

$$D = \begin{vmatrix} a-b & b-c & c \\ a^2-b^2 & b^2-c^2 & c^2 \\ bc-ca & ca-ab & ab \end{vmatrix} = (a-b)(b-c)\begin{vmatrix} 1 & 1 & c \\ a+b & b+c & c^2 \\ -c & -a & ab \end{vmatrix}$$

となる．

$$\begin{vmatrix} 1 & 1 & c \\ a+b & b+c & c^2 \\ -c & -a & ab \end{vmatrix} = \begin{vmatrix} 1 & 0 & 0 \\ a+b & c-a & c^2-ca-cb \\ -c & c-a & ab+c^2 \end{vmatrix}$$

$$= (c-a)\begin{vmatrix} 1 & c^2-ca-cb \\ 1 & ab+c^2 \end{vmatrix}$$

$$= (c-a)(ab+bc+ca)$$

であるから，$D=(a-b)(b-c)(c-a)(ab+bc+ca)$ となる．

Q4.18 次の行列式を因数分解せよ．

(1) $\begin{vmatrix} 1 & 1 & 1 \\ a & a^2 & a^3 \\ b & b^2 & b^3 \end{vmatrix}$ (2) $\begin{vmatrix} a-2 & 1 & 1 \\ 1 & a-2 & 1 \\ 1 & 1 & a-2 \end{vmatrix}$ (3) $\begin{vmatrix} a & a & a & a \\ a & b & a & a \\ a & a & b & a \\ a & a & a & b \end{vmatrix}$ (4) $\begin{vmatrix} a & a & b & a \\ b & b & b & a \\ b & a & a & a \\ b & a & b & b \end{vmatrix}$

Q4.19 $A = \begin{pmatrix} a & b & c & d \\ -b & a & -d & c \\ -c & d & a & -b \\ -d & -c & b & a \end{pmatrix}$ とするとき，次の問いに答えよ．

→ まとめ 4.5, 4.8, 4.12

(1) $|A|$ を展開したとき，a^4 の項の係数を求めよ． (2) $A\,{}^tA$ を求めよ．

(3) $|A|$ の値を求めよ．

Q4.20 次の行列 A が正則であることを確かめよ．また，その逆行列の $(2,3)$ 成分を求めよ．

→ まとめ 4.16, 4.17

$$A = \begin{pmatrix} 0 & 2 & -1 & 1 \\ -1 & -2 & -2 & 1 \\ 3 & 0 & 1 & -2 \\ -2 & 3 & 0 & 2 \end{pmatrix}$$

Q4.21 次の問いに答えよ. → まとめ 2.8, 3.14, 4.15

(1) 平面に，原点 O と異なる点 A(a, b) をとるとき，直線 OA の方程式は $\begin{vmatrix} x & a \\ y & b \end{vmatrix} = 0$ で与えられることを示せ.

(2) 空間の 3 点 O$(0,0,0)$, A(a_1, a_2, a_3), B(b_1, b_2, b_3) が同一直線上にないならば，$\begin{vmatrix} a_2 & b_2 \\ a_3 & b_3 \end{vmatrix}$, $\begin{vmatrix} a_1 & b_1 \\ a_3 & b_3 \end{vmatrix}$, $\begin{vmatrix} a_1 & b_1 \\ a_2 & b_2 \end{vmatrix}$ の少なくとも 1 つは 0 でないことを示せ.

(3) 空間の 3 点 O$(0,0,0)$, A(a_1, a_2, a_3), B(b_1, b_2, b_3) が同一直線上にないとき，3 点 O, A, B を通る平面の方程式は $\begin{vmatrix} x & a_1 & b_1 \\ y & a_2 & b_2 \\ z & a_3 & b_3 \end{vmatrix} = 0$ で与えられることを示せ.

Q4.22 平面上の 3 点 A$(-3,-5)$, B$(7,-1)$, C$(2,5)$ を頂点とする △ABC の面積を求めよ. → まとめ 4.18

例題 4.3

3 点 A$(2,-4,-3)$, B$(3,-1,2)$, C$(-4,-2,-3)$ を通る平面の方程式を求めよ.

解 求める平面の法線ベクトル $\boldsymbol{n}$ として，

$$\overrightarrow{\mathrm{AB}} \times \overrightarrow{\mathrm{AC}} = \begin{pmatrix} 1 \\ 3 \\ 5 \end{pmatrix} \times \begin{pmatrix} -6 \\ 2 \\ 0 \end{pmatrix} = -10 \begin{pmatrix} 1 \\ 3 \\ -2 \end{pmatrix}$$

より，$\boldsymbol{n} = \begin{pmatrix} 1 \\ 3 \\ -2 \end{pmatrix}$ をとることができる．したがって，求める平面の方程式は，$(x-2)+3(y+4)-2(z+3)=0$ から，$x+3y-2z+4=0$ となる.

Q4.23 次の 3 点 A, B, C を通る平面の方程式を求めよ.

(1) A$(1,0,0)$, B$(0,2,0)$, C$(0,0,3)$　(2) A$(1,2,-1)$, B$(3,1,-2)$, C$(-1,-1,3)$

Q4.24 4 点 A$(1,-1,1)$, B$(4,-1,0)$, C$(-1,0,2)$, D$(-2,-2,-1)$ について，$\overrightarrow{\mathrm{AB}}$, $\overrightarrow{\mathrm{AC}}$, $\overrightarrow{\mathrm{AD}}$ が作る平行六面体の体積を S，四面体 ABCD の体積を T とするとき，次の問いに答えよ. → まとめ 4.21

(1) $\dfrac{T}{S}$ の値を求めよ.　　(2) (1) の結果を使って T を求めよ.

C

Q4.25 次の方程式を満たす x の値を求めよ.

(1) $\begin{vmatrix} x-1 & 2x & 2x \\ 2 & 1-x & 2 \\ 0 & 0 & -1-x \end{vmatrix} = 0$

（類題：岐阜大学）

(2) $\begin{vmatrix} 0 & -1 & x & 2 \\ 1 & 0 & -3 & 4 \\ -x & 3 & 0 & -5 \\ -2 & -4 & 5 & 0 \end{vmatrix} = 0$

（類題：埼玉大学）

Q4.26 行列式 $\begin{vmatrix} 1 & 1 & 1 & 1 \\ 2 & x & x & x \\ 3 & 2 & y & y \\ 4 & 3 & 2 & z \end{vmatrix}$ を因数分解せよ.　（類題：横浜国立大学）

Q4.27 a を実数, 3 次単位行列を E とし,

$$A = \begin{pmatrix} -10a-1 & 13a-26 & -30a \\ 0 & -1 & 0 \\ 4a & -7a+24 & 12a-1 \end{pmatrix}$$

とするとき, 次の問いに答えよ.　（類題：東京農工大学）

(1) 行列式 $|E-A|$ を a で表せ.

(2) t についての方程式 $|tE-A|=0$ の解がすべて負の実数となるような a の値の範囲を求めよ.

Q4.28 2 つのベクトル $\boldsymbol{a} = \begin{pmatrix} 1 \\ 2 \\ -1 \end{pmatrix}$, $\boldsymbol{b} = \begin{pmatrix} 3 \\ 1 \\ 0 \end{pmatrix}$ の両方に直交する単位ベクトル $\boldsymbol{n}$ を求めよ.　（類題：筑波大学, 東京都立大学）

Q4.29 2 つの空間ベクトル $\boldsymbol{a} = \begin{pmatrix} 1 \\ 2 \\ -1 \end{pmatrix}$, $\boldsymbol{b} = \begin{pmatrix} 2 \\ 1 \\ 3 \end{pmatrix}$ について, 次のものを求めよ.

（類題：福井大学）

(1) 外積 $\boldsymbol{a} \times \boldsymbol{b}$　　(2) $\boldsymbol{a}, \boldsymbol{b}$ が作る平行四辺形の面積

Q4.30 3 つの空間ベクトル $\boldsymbol{a} = \begin{pmatrix} a_1 \\ a_2 \\ a_3 \end{pmatrix}, \boldsymbol{b} = \begin{pmatrix} b_1 \\ b_2 \\ b_3 \end{pmatrix}, \boldsymbol{c} = \begin{pmatrix} c_1 \\ c_2 \\ c_3 \end{pmatrix}$ について，次の問いに答えよ．（類題：東京都立大学）

(1) $\boldsymbol{a} \cdot (\boldsymbol{b} \times \boldsymbol{c}) = \begin{vmatrix} a_1 & b_1 & c_1 \\ a_2 & b_2 & c_2 \\ a_3 & b_3 & c_3 \end{vmatrix}$ が成り立つことを示せ．

(2) $\boldsymbol{a} + \boldsymbol{b}$ と $\boldsymbol{a} \times \boldsymbol{b}$ は直交することを示せ．

5 基本変形とその応用

まとめ

5.1 連立方程式の行列表現 $x_1, x_2, \ldots, x_n$ に関する連立 m 元 1 次方程式

$$\begin{cases} a_{11}x_1 + a_{12}x_2 & + \cdots + & a_{1n}x_n & = b_1 \\ a_{21}x_1 + a_{22}x_2 & + \cdots + & a_{2n}x_n & = b_2 \\ & \vdots & & \\ a_{m1}x_1 + a_{m2}x_2 & + \cdots + & a_{mn}x_n & = b_m \end{cases}$$

は，

$$A = \begin{pmatrix} a_{11} & a_{12} & \cdots & a_{1n} \\ a_{21} & a_{22} & \cdots & a_{2n} \\ \vdots & \vdots & \ddots & \vdots \\ a_{m1} & a_{m2} & \cdots & a_{mn} \end{pmatrix}, \quad \boldsymbol{x} = \begin{pmatrix} x_1 \\ x_2 \\ \vdots \\ x_n \end{pmatrix}, \quad \boldsymbol{b} = \begin{pmatrix} b_1 \\ b_2 \\ \vdots \\ b_m \end{pmatrix}$$

とおくと，$A\boldsymbol{x} = \boldsymbol{b}$ と表すことができる．このとき，A をこの連立 1 次方程式の**係数行列**，$\boldsymbol{b}$ を**定数項ベクトル**という．さらに，A と $\boldsymbol{b}$ を並べてできる行列

$$A_+ = \begin{pmatrix} A & | & \boldsymbol{b} \end{pmatrix} = \left(\begin{array}{cccc|c} a_{11} & a_{12} & \cdots & a_{1n} & b_1 \\ a_{21} & a_{22} & \cdots & a_{2n} & b_2 \\ \vdots & \vdots & \ddots & \vdots & \vdots \\ a_{m1} & a_{m2} & \cdots & a_{mn} & b_m \end{array}\right)$$

を**拡大係数行列**という．

5.2 行の基本変形 行列に対する次の変形を**行の基本変形**という（まとめ 4.11 参照）.

(1) 1 つの行を t 倍する．ただし，$t \neq 0$ である.

(2) 2 つの行を交換する.

(3) 1 つの行に別の行の t 倍を加える.

行列 A に行の基本変形を行って行列 B が得られるとき，$A \sim B$ と表す.

5.3 掃き出し法による連立 1 次方程式の解法 連立 1 次方程式 $A\boldsymbol{x} = \boldsymbol{b}$ の拡大係数行列を A_+ とする．A が正方行列のとき，A_+ に行の基本変形を行って

$$A_+ = \left(A \;\middle|\; \boldsymbol{b} \right) \sim \left(E \;\middle|\; \boldsymbol{x}_0 \right)$$

とすることができれば，$A\boldsymbol{x} = \boldsymbol{b}$ の解は $\boldsymbol{x} = \boldsymbol{x}_0$ である．この方法を**掃き出し法**または**ガウス・ジョルダンの消去法**という.

5.4 基本変形による逆行列の計算 A を n 次正方行列とするとき，行の基本変形によって

$$\left(A \;\middle|\; E \right) \sim \left(E \;\middle|\; X \right)$$

とすることができれば，A は正則であり，X が A の逆行列である.

5.5 階段行列と行列の階数 次のような形の行列を**階段行列**という.

$$\begin{pmatrix} 1 & 0 & * & 0 & * \\ 0 & 1 & * & 0 & * \\ 0 & 0 & 0 & 1 & * \\ 0 & 0 & 0 & 0 & 0 \end{pmatrix}$$

行列 A を，行の基本変形によって階段行列に変形したとき，零ベクトルでない行ベクトルの個数を，行列 A の**階数**といい，$\operatorname{rank} A$ で表す.

5.6 正方行列の正則性と逆行列 n 次正方行列 A について，次のことが成り立つ.

$$A \text{ が正則} \iff A \sim E \iff \operatorname{rank} A = n$$

5.7 連立 1 次方程式の解の分類

$$A = \begin{pmatrix} a_{11} & a_{12} & \cdots & a_{1n} \\ a_{21} & a_{22} & \cdots & a_{2n} \\ \vdots & \vdots & \ddots & \vdots \\ a_{m1} & a_{m2} & \cdots & a_{mn} \end{pmatrix}, \quad \boldsymbol{x} = \begin{pmatrix} x_1 \\ x_2 \\ \vdots \\ x_n \end{pmatrix}, \quad \boldsymbol{b} = \begin{pmatrix} b_1 \\ b_2 \\ \vdots \\ b_m \end{pmatrix}$$

とする．n 個の未知数に関する連立 1 次方程式 $A\boldsymbol{x} = \boldsymbol{b}$ の拡大係数行列を $A_+ = \begin{pmatrix} A & | & \boldsymbol{b} \end{pmatrix}$ とするとき，次が成り立つ．

(1) $\mathrm{rank}\ A = \mathrm{rank}\ A_+ = n \iff A\boldsymbol{x} = \boldsymbol{b}$ はただ 1 組の解をもつ

(2) $\mathrm{rank}\ A = \mathrm{rank}\ A_+ < n \iff A\boldsymbol{x} = \boldsymbol{b}$ は無数の解をもつ

(3) $\mathrm{rank}\ A < \mathrm{rank}\ A_+ \iff A\boldsymbol{x} = \boldsymbol{b}$ は解をもたない

とくに，未知数の個数 n と方程式の個数 m が一致するとき，係数行列 A は正方行列になり，次のことが成り立つ．

$$A \text{ が正則} \iff \mathrm{rank}\ A = n \iff A\boldsymbol{x} = \boldsymbol{b} \text{ がただ 1 組の解をもつ}$$

5.8 斉次連立 1 次方程式の解　定数項ベクトルが零ベクトルである連立 1 次方程式を**斉次連立 1 次方程式**という．斉次連立 1 次方程式の解のうち，$\boldsymbol{x} = \boldsymbol{0}$ を**自明な解**という．

方程式が m 個，未知数が n 個の斉次連立 1 次方程式の係数行列 A は $m \times n$ 型行列である．このとき，次が成り立つ．

$$\mathrm{rank}\ A = n \iff \text{斉次連立 1 次方程式 } A\boldsymbol{x} = \boldsymbol{0} \text{ は自明な解だけをもつ}$$

とくに，$m = n$ のとき，A が正則であれば $\mathrm{rank}\ A = n$ となるから，$A\boldsymbol{x} = \boldsymbol{0}$ は自明な解だけをもつ．

5.9 線形結合　ベクトルの組 $\boldsymbol{a}_1, \boldsymbol{a}_2, \ldots, \boldsymbol{a}_n$ が与えられたとき，$x_1, x_2, \ldots, x_n$ を実数として，$x_1\boldsymbol{a}_1 + x_2\boldsymbol{a}_2 + \cdots + x_n\boldsymbol{a}_n$ の形で表されるベクトルを，$\boldsymbol{a}_1, \boldsymbol{a}_2, \ldots, \boldsymbol{a}_n$ の**線形結合**または **1 次結合**という．

5.10 線形独立と線形従属　ベクトルの組 $\boldsymbol{a}_1, \boldsymbol{a}_2, \ldots, \boldsymbol{a}_n$ が与えられたとする．$x_1 = x_2 = \cdots = x_n = 0$ 以外の実数 $x_1, x_2, \ldots, x_n$ に対して

$$x_1\boldsymbol{a}_1 + x_2\boldsymbol{a}_2 + \cdots + x_n\boldsymbol{a}_n = \boldsymbol{0} \qquad \cdots\cdots ①$$

が成り立つとき，$\boldsymbol{a}_1, \boldsymbol{a}_2, \ldots, \boldsymbol{a}_n$ は**線形従属**または **1 次従属**であるという．関係式①が $x_1 = x_2 = \cdots = x_n = 0$ 以外では成り立たないとき，$\boldsymbol{a}_1, \boldsymbol{a}_2, \ldots, \boldsymbol{a}_n$ は**線形独立**または **1 次独立**であるという．

5.11 ベクトルの線形独立と階数 n 個の m 次元列ベクトル $\boldsymbol{a}_1, \boldsymbol{a}_2, \ldots, \boldsymbol{a}_n$ に対して，これらを列ベクトルとする $m \times n$ 型行列を $A = \begin{pmatrix} \boldsymbol{a}_1 & \boldsymbol{a}_2 & \cdots & \boldsymbol{a}_n \end{pmatrix}$ とするとき，次が成り立つ．

$$\boldsymbol{a}_1, \boldsymbol{a}_2, \ldots, \boldsymbol{a}_n \text{ が線形独立} \iff \operatorname{rank} A = n$$

とくに，$m = n$ のとき，$\boldsymbol{a}_1$，$\boldsymbol{a}_2$，$\ldots$，$\boldsymbol{a}_n$ が線形独立となるための必要十分条件は，A が正則であることである．

5.12 行列の正則性 A は n 次正方行列であるとする．A が正則であるとは，A の逆行列 A^{-1} が存在することであり，次のそれぞれの条件と互いに同値である．

(1) $|A| \neq 0$

(2) A は行の基本変形によって単位行列に変形することができる．

(3) $\operatorname{rank} A = n$

(4) 連立 1 次方程式 $A\boldsymbol{x} = \boldsymbol{b}$ はただ 1 組の解 $\boldsymbol{x} = A^{-1}\boldsymbol{b}$ をもつ．

(5) 斉次連立 1 次方程式 $A\boldsymbol{x} = \boldsymbol{0}$ は自明な解だけをもつ．

(6) A の列ベクトルは線形独立である．

A

Q5.1 次の連立 1 次方程式を掃き出し法を用いて解け．

(1) $\begin{cases} x + 4y = 2 \\ 3x + 7y = 1 \end{cases}$ (2) $\begin{cases} -4x + 5y = 17 \\ x - y = -3 \end{cases}$

(3) $\begin{cases} x + 2y + 3z = 4 \\ 2x + 3y + 4z = 3 \\ 3x + 4y + 7z = 6 \end{cases}$ (4) $\begin{cases} x + 2y + 2z = 2 \\ 2x - 6y - z = -1 \\ 5x - 2y - z = 9 \end{cases}$

(5) $\begin{cases} 3y - 2z = 7 \\ 2x - 2y + 3z = 4 \\ x + 2y + 4z = 0 \end{cases}$ (6) $\begin{cases} x + y = 1 \\ y + z = -1 \\ x + z = 12 \end{cases}$

Q5.2 基本変形によって次の行列の逆行列を求めよ．

(1) $\begin{pmatrix} 1 & 5 \\ 4 & 21 \end{pmatrix}$ (2) $\begin{pmatrix} 2 & 1 \\ 7 & 6 \end{pmatrix}$ (3) $\begin{pmatrix} 1 & 0 & -1 \\ -3 & 1 & 1 \\ -6 & 3 & 1 \end{pmatrix}$ (4) $\begin{pmatrix} 2 & 4 & 2 \\ 1 & 5 & 3 \\ 1 & 1 & 1 \end{pmatrix}$

Q5.3　次の行列の階数を求めよ．

(1) $\begin{pmatrix} 2 & -2 & 4 \\ 1 & -1 & 1 \\ 3 & -1 & 1 \end{pmatrix}$　　(2) $\begin{pmatrix} 2 & -3 & 6 \\ -3 & 2 & 1 \\ 3 & -3 & 3 \end{pmatrix}$

(3) $\begin{pmatrix} 1 & 4 & 1 & 1 & 2 \\ 3 & 2 & 1 & 4 & -1 \\ 7 & 0 & 6 & 9 & 0 \\ 5 & 8 & -2 & 7 & -4 \end{pmatrix}$　　(4) $\begin{pmatrix} 2 & 1 & -1 \\ 1 & 3 & 2 \\ 4 & 2 & -1 \\ 3 & 0 & -1 \\ 2 & -4 & -5 \end{pmatrix}$

Q5.4　次の連立 1 次方程式が解をもつかどうかを調べ，もつ場合にはその解を求めよ．

(1) $\begin{cases} x + 2y + 3z = 5 \\ 3x + 5z = 5 \\ x - y + z = -1 \end{cases}$　　(2) $\begin{cases} x - y + z = -1 \\ 2x - y + 4z = 1 \\ 3x - y + 7z = 3 \end{cases}$

(3) $\begin{cases} x + y + 7z = 1 \\ 2x + y + 10z = 0 \\ x + 3z = -1 \end{cases}$　　(4) $\begin{cases} x + y - 2z = -1 \\ x - 2y + z = 3 \\ 2x - y - z = 1 \end{cases}$

Q5.5　次の斉次連立 1 次方程式が $x = y = z = 0$ 以外の解をもつかどうかを調べ，もつ場合にはその解を求めよ．

(1) $\begin{cases} x - 2y + z = 0 \\ 2x - 3y + 4z = 0 \\ 2x - y + 8z = 0 \end{cases}$　　(2) $\begin{cases} 2x + 3y - 4z = 0 \\ x + 2y - 3z = 0 \\ 2x + y = 0 \end{cases}$

(3) $\begin{cases} x + 2y - z = 0 \\ x + y - 2z = 0 \\ 3x + 4y - 5z = 0 \end{cases}$

Q5.6　次のベクトルの組が線形独立かどうか判定せよ．線形従属であるときには，$\boldsymbol{a}_1$ を $\boldsymbol{a}_2, \boldsymbol{a}_3$ を用いて表せ．

(1) $\boldsymbol{a}_1 = \begin{pmatrix} 1 \\ 2 \\ 1 \end{pmatrix}, \ \boldsymbol{a}_2 = \begin{pmatrix} 2 \\ 3 \\ -1 \end{pmatrix}, \ \boldsymbol{a}_3 = \begin{pmatrix} 3 \\ 8 \\ 9 \end{pmatrix}$

(2) $\boldsymbol{a}_1 = \begin{pmatrix} 2 \\ 1 \\ 1 \end{pmatrix}$, $\boldsymbol{a}_2 = \begin{pmatrix} 2 \\ -1 \\ 3 \end{pmatrix}$, $\boldsymbol{a}_3 = \begin{pmatrix} -3 \\ 2 \\ -3 \end{pmatrix}$

(3) $\boldsymbol{a}_1 = \begin{pmatrix} 1 \\ 3 \\ 2 \end{pmatrix}$, $\boldsymbol{a}_2 = \begin{pmatrix} 1 \\ 1 \\ 2 \end{pmatrix}$, $\boldsymbol{a}_3 = \begin{pmatrix} 1 \\ 0 \\ 2 \end{pmatrix}$

B

Q5.7 次の連立 1 次方程式を，掃き出し法を用いて解け．また，係数行列 A と拡大係数行列 A_+ の階数を求めよ． → まとめ 5.3, 5.5, Q5.3, Q5.4

(1) $\begin{cases} x + 2y + 4z = 8 \\ 3x + 6y + 12z = 24 \\ 5x + 10y + 20z = 40 \end{cases}$

(2) $\begin{cases} x + y + z - 2w = 6 \\ -x + 2z + 4w = -5 \\ 2x + y + z - 8w = 17 \\ x - y - 3z - 5w = 4 \end{cases}$

(3) $\begin{cases} x + 2y + 3z + 2w = 2 \\ x + 3y + 2z + 5w = 1 \\ 2y + z + 9w = 1 \\ 2x + 3y + 7z + w = 5 \end{cases}$

(4) $\begin{cases} x - 2y + z + 5w = -5 \\ 2x - 3y + 4z + 7w = -6 \\ 2x - y + 8z + w = 2 \\ x - y + 3z + 2w = -1 \end{cases}$

Q5.8 $A = \begin{pmatrix} 2 & 1 & 2 \\ 3 & 2 & 5 \\ 4 & 1 & -1 \end{pmatrix}$ とする． → まとめ 5.4, Q5.2

(1) A の逆行列 A^{-1} を求めよ．

(2) A^{-1} を用いて，連立方程式 $\begin{cases} 2x + y + 2z = 3 \\ 3x + 2y + 5z = 9 \\ 4x + y - z = -5 \end{cases}$ を解け．

Q5.9 次の行列の逆行列を求めよ． → まとめ 5.4

(1) $\begin{pmatrix} 1 & 0 & -2 & 3 \\ 0 & 1 & -3 & 0 \\ 1 & 0 & 1 & -1 \\ 0 & -1 & 0 & 1 \end{pmatrix}$

(2) $\begin{pmatrix} 0 & -1 & 1 & 3 \\ -1 & -2 & 0 & 0 \\ 0 & 2 & -1 & 1 \\ 2 & -1 & 0 & 0 \end{pmatrix}$

Q5.10　次の連立 1 次方程式が $x = y = z = 0$ 以外の解をもつように a の値を定めよ．また，そのときの解を求めよ．→ **まとめ 5.8, Q5.5**

$$\begin{cases} x - ay + z = 0 \\ x + y - az = 0 \\ -ax + y + z = 0 \end{cases}$$

Q5.11　2 直線 $x - 3 = \dfrac{y-1}{-3} = \dfrac{z-1}{2}$, $\dfrac{x+1}{3} = \dfrac{y-6}{-2} = z + a$ が交点をもつように，定数 a の値を定めよ．また，そのときの交点の座標を求めよ．→ **まとめ 5.7**

Q5.12　2 つの平面 $2x + y + 2z = 7$, $x + 2y - 2z = 8$ が交わってできる直線の方程式を求めよ．→ **まとめ 5.3**

例題 5.1

$\boldsymbol{a} = \begin{pmatrix} -2 \\ 4 \end{pmatrix}$, $\boldsymbol{b} = \begin{pmatrix} 3 \\ -3 \end{pmatrix}$ のとき，ベクトル $\boldsymbol{c} = \begin{pmatrix} 5 \\ -1 \end{pmatrix}$ を $\boldsymbol{a}$ と $\boldsymbol{b}$ の線形結合で表せ．

解　$\boldsymbol{c} = m\boldsymbol{a} + n\boldsymbol{b}$ とすると，

$$\begin{pmatrix} 5 \\ -1 \end{pmatrix} = m\begin{pmatrix} -2 \\ 4 \end{pmatrix} + n\begin{pmatrix} 3 \\ -3 \end{pmatrix}$$

から

$$\begin{pmatrix} -2 & 3 \\ 4 & -3 \end{pmatrix}\begin{pmatrix} m \\ n \end{pmatrix} = \begin{pmatrix} 5 \\ -1 \end{pmatrix}$$

となる．これを解くと，$m = 2$, $n = 3$ であるから，求める線形結合は $\boldsymbol{c} = 2\boldsymbol{a} + 3\boldsymbol{b}$ である．

Q5.13　次の問いに答えよ．

(1) $\boldsymbol{a} = \begin{pmatrix} -2 \\ 5 \end{pmatrix}$, $\boldsymbol{b} = \begin{pmatrix} 4 \\ 1 \end{pmatrix}$ のとき，$\boldsymbol{c} = \begin{pmatrix} 8 \\ -9 \end{pmatrix}$ を $\boldsymbol{a}, \boldsymbol{b}$ の線形結合で表せ．

(2) $\boldsymbol{a} = \begin{pmatrix} 2 \\ 1 \\ 3 \end{pmatrix}$, $\boldsymbol{b} = \begin{pmatrix} 0 \\ 1 \\ 2 \end{pmatrix}$, $\boldsymbol{c} = \begin{pmatrix} 2 \\ 0 \\ -1 \end{pmatrix}$ のとき，$\boldsymbol{d} = \begin{pmatrix} -6 \\ 2 \\ 5 \end{pmatrix}$ を $\boldsymbol{a}, \boldsymbol{b}, \boldsymbol{c}$ の線形結合で表せ．

Q5.14 空間の点 A, B, C について，$\boldsymbol{a}=\overrightarrow{\mathrm{OA}}, \boldsymbol{b}=\overrightarrow{\mathrm{OB}}, \boldsymbol{c}=\overrightarrow{\mathrm{OC}}$ とおくとき，次のことを示せ．ただし，原点を O とする． → まとめ 5.10

(1) $\boldsymbol{a}, \boldsymbol{b}, \boldsymbol{c}$ が線形従属ならば，4 点 O, A, B, C は同一平面上にある．

(2) 4 点 O, A, B, C が同一平面上にあれば，$\boldsymbol{a}, \boldsymbol{b}, \boldsymbol{c}$ は線形従属である．

(3) $\boldsymbol{a}, \boldsymbol{b}, \boldsymbol{c}$ が線形独立である必要十分条件は，4 点 O, A, B, C が同一平面上にないことである．

Q5.15 空間ベクトル $\boldsymbol{a}, \boldsymbol{b}, \boldsymbol{c}$ が線形独立であるとき，次のベクトルの組が線形独立であるかどうか調べよ． → まとめ 5.10

(1) $\boldsymbol{a},\ \boldsymbol{a}+\boldsymbol{b},\ \boldsymbol{a}+\boldsymbol{b}+\boldsymbol{c}$　　(2) $\boldsymbol{a}-\boldsymbol{b},\ \boldsymbol{b}-\boldsymbol{c},\ \boldsymbol{c}-\boldsymbol{a}$

C

Q5.16 行列 $A=\begin{pmatrix} a-5 & -2 & -3 & -3 \\ 1 & a-1 & 1 & 1 \\ 2 & 1 & a & 2 \\ 1 & 1 & 1 & a-1 \end{pmatrix}$ について，次の問いに答えよ．

（類題：岐阜大学）

(1) $a=2$ のとき，rank A を求めよ．

(2) $a=1$ のとき，rank A を求めよ．

(3) $a\neq 2, a\neq 1$ のとき，rank A を求めよ．

Q5.17 正方行列 $A=\begin{pmatrix} 2 & 1 \\ 1 & 3 \end{pmatrix}$ と，ベクトル $\boldsymbol{a}=\begin{pmatrix} 1 \\ 1 \end{pmatrix}$ について，次の問いに答えよ． （類題：奈良女子大学）

(1) 2 つのベクトル $\boldsymbol{a}, A\boldsymbol{a}$ は線形独立であることを示せ．

(2) 3 つのベクトル $\boldsymbol{a}, A\boldsymbol{a}, A^2\boldsymbol{a}$ は線形独立であるか．線形従属である場合には，$A^2\boldsymbol{a}$ を $\boldsymbol{a}$ と $A\boldsymbol{a}$ の線形結合で表せ．

Q5.18 次の連立 1 次方程式が解をもつように定数 a の値を定めよ．また，そのときの解を求めよ．

(1) $\begin{cases} x-2y+3z=1 \\ 2x-2y+2z=a \\ 4x-3y+2z=4 \end{cases}$ （類題：名古屋大学）

(2) $\begin{cases} x + z = 1 \\ x + y + (a+1)z = a+1 \\ x + 2z = 1 \\ 2x + y + (a+2)z = a^2+2 \end{cases}$ （類題：東京工業大学）

Q5.19 次の連立 1 次方程式を掃き出し法によって解け．また，係数行列と拡大係数行列の階数を求めよ． （類題：東京都立大学）

$$\begin{cases} x - 2y + z - 4w = 1 \\ 2x + 2y - z + w = -2 \\ -x + y + 2z + w = 1 \\ 3x - y + 2z + 2w = -2 \end{cases}$$

Q5.20 a を実数とし，$A = \begin{pmatrix} 1 & -2 & 1 \\ 5 & 1 & a \\ 4 & a & 2 \end{pmatrix}$, $\boldsymbol{x} = \begin{pmatrix} x \\ y \\ z \end{pmatrix}$, $\boldsymbol{0} = \begin{pmatrix} 0 \\ 0 \\ 0 \end{pmatrix}$ とするとき，次の問いに答えよ． （類題：東京農工大学）

(1) 連立 1 次方程式 $A\boldsymbol{x} = \boldsymbol{0}$ が自明でない解（$\boldsymbol{0}$ でない解）をもつような a の値をすべて求めよ．

(2) (1) で求めたそれぞれの a について，$A\boldsymbol{x} = \boldsymbol{0}$ の自明でない解のうち，x, y, z がすべて整数で，$x + y + z$ が最小の正の整数となるような $\boldsymbol{x}$ を求めよ．

Q5.21 行列 $\begin{pmatrix} -2 & 1 & 1 & 1 \\ 1 & -2 & 1 & 1 \\ 1 & 1 & -2 & 1 \\ 1 & 1 & 1 & -2 \end{pmatrix}$ の逆行列を求めよ． （類題：横浜国立大学）

Q5.22 行列 $A = \begin{pmatrix} 1 & -3 & 2 \\ 2 & -1 & 1 \\ -1 & 2 & -2 \end{pmatrix}$ について，次の問いに答えよ． （類題：岐阜大学）

(1) 行列 A の逆行列 A^{-1} を求めよ．

(2) 行列 A の逆行列 A^{-1} を使って連立方程式 $\begin{cases} x - 3y + 2z = -2 \\ 2x - y + z = 1 \\ -x + 2y - 2z = 1 \end{cases}$ を解け．

Q5.23 次の x,y,z に関する連立 1 次方程式 $\begin{cases} x + 2y - z = 2 \\ 2x + y + z = -1 \\ ax + 2y - z = b \end{cases}$ が以下のような解をもつとき，a,b に関する条件を求めよ．なお，a,b は実数の定数とする．（類題：広島市立大学）

(1) ただ 1 組の解をもつ　(2) 2 組以上の解をもつ　(3) 解をもたない

Q5.24 実数 a, b, c に対し，$A = \begin{pmatrix} a & b \\ 0 & c \end{pmatrix}$, $B = \begin{pmatrix} a^2 & 2ab & b^2 \\ 0 & ac & bc \\ 0 & 0 & c^2 \end{pmatrix}$ とおく．次の問いに答えよ．（類題：東京工業大学）

(1) $|B|$ を $|A|$ を用いて表せ.

(2) $\mathrm{rank}\ A = 0$ のとき，$\mathrm{rank}\ B$ を求めよ.

(3) $\mathrm{rank}\ A = 1$ のとき，$\mathrm{rank}\ B$ を求めよ.

(4) $\mathrm{rank}\ A = 2$ のとき，$\mathrm{rank}\ B$ を求めよ.

Q5.25 a を実数とする．x,y,z,w に関する連立 1 次方程式

$$\begin{cases} x + ay + a^2z + a^3w = 1 \\ ax + a^2y + a^3z + w = 1 \\ a^2x + a^3y + z + aw = 1 \\ a^3x + y + az + a^2w = 1 \end{cases}$$

について，次の問いに答えよ．（類題：東京工業大学）

(1) $a^2 \neq 1$ のとき，連立 1 次方程式の解を求めよ.

(2) $a = 1$ のとき，連立 1 次方程式の解を求めよ.

(3) $a = -1$ のとき，連立 1 次方程式の解を求めよ.

Q5.26 a, b を実数とする．x,y,z,w に関する連立 1 次方程式

$$\begin{cases} x - z = 0 \\ 8x + y - 5z - w = 0 \\ y + 4z + aw = 0 \\ x - y - 3z + 2w = b \end{cases}$$

について，次の問いに答えよ．（類題：筑波大学）

(1) この連立 1 次方程式が解をもたない条件を求めよ.

(2) この連立 1 次方程式が解を無限個もつ条件を求めよ.

(3) この連立 1 次方程式が解をただ 1 組だけもつ条件を求めよ.

Chapter

3 線形変換と固有値

6 線形変換

まとめ

6.1 線形変換 平面の点 $\mathrm{P}(x, y)$ に平面の点 $\mathrm{P}'(x', y')$ を対応させる規則を**変換**といい，f などで表す．変換 f によって，点 P に点 P′ が対応するとき，$f(\mathrm{P}) = \mathrm{P}'$ と表し，P′ を f による P の**像**という．また，図形 C のすべての点の像からなる図形 C' を図形 C の像という．

$\begin{cases} x' = ax + by \\ y' = cx + dy \end{cases}$ で表される変換を，平面上の**線形変換**または **1 次変換**という．

6.2 線形変換による原点の像 線形変換による原点の像は原点である．

6.3 線形変換の表現行列 $\begin{cases} x' = ax + by \\ y' = cx + dy \end{cases}$ で表される線形変換 f によるベクトル $\boldsymbol{p} = \begin{pmatrix} x \\ y \end{pmatrix}$ の像を $f(\boldsymbol{p})$ と表す．$A = \begin{pmatrix} a & b \\ c & d \end{pmatrix}$ とおくと，

$$f(\boldsymbol{p}) = A\boldsymbol{p}$$

と表すことができる．行列 A を線形変換 f の**表現行列**という．逆に，行列 A が与えられたとき，線形変換 f を $f(\boldsymbol{p}) = A\boldsymbol{p}$ と定めることができる．この変換 f を，行列 A を表現行列とする線形変換という．

6.4 線形変換の線形性 f を線形変換とするとき，任意のベクトル $\boldsymbol{p}, \boldsymbol{q}$ と定数 s に対して，次の式が成り立つ．

(1) $f(s\boldsymbol{p}) = sf(\boldsymbol{p})$　　(2) $f(\boldsymbol{p} + \boldsymbol{q}) = f(\boldsymbol{p}) + f(\boldsymbol{q})$

6.5 合成変換 線形変換 f, g の表現行列を，それぞれ A, B とするとき，f と g の合成変換 $g \circ f$ は，行列 BA を表現行列とする線形変換である．

6.6 逆変換 線形変換 f の表現行列を A とする．f の逆変換 f^{-1} は，A が正則であるときに限って存在し，その表現行列は A^{-1} である．

6.7 座標軸方向の拡大 x 軸方向に a 倍，y 軸方向に b 倍する変換は線形変換であり，その表現行列は $\begin{pmatrix} a & 0 \\ 0 & b \end{pmatrix}$ である．とくに，$a = b = 1$ のときはすべての点を自分自身に対応させる変換となり，これを**恒等変換**という．

6.8 対称移動 原点または原点を通る直線に関する対称移動は，線形変換となる．これを**対称変換**という．

6.9 原点を中心とする回転 原点を中心とする角 θ の回転は線形変換であり，その表現行列 $R(\theta)$ は次のようになる．

$$R(\theta) = \begin{pmatrix} \cos\theta & -\sin\theta \\ \sin\theta & \cos\theta \end{pmatrix}$$

6.10 直交行列 ${}^tAA = A{}^tA = E$ を満たす正方行列 A を**直交行列**という．直交行列 A は次の性質をもつ．

(1) $A^{-1} = {}^tA$　　(2) $|A| = \pm 1$

6.11 直交変換 表現行列が直交行列である線形変換を**直交変換**という．f が直交変換のとき，次のことが成り立つ．

(1) $f(\boldsymbol{p}) \cdot f(\boldsymbol{q}) = \boldsymbol{p} \cdot \boldsymbol{q}$　　(2) $|f(\boldsymbol{p})| = |\boldsymbol{p}|$

(3) f はベクトルの大きさと 2 つのベクトルのなす角を変えない．

6.12 線形変換による直線の像 f を線形変換，点 A を通り方向ベクトル $\boldsymbol{v}$ をもつ直線を ℓ とする．このとき，線形変換 f による直線 ℓ の像は次のようになる．

(1) $f(\boldsymbol{v}) \neq \boldsymbol{0}$ のとき，点 A の像 A$'$ を通り $f(\boldsymbol{v})$ を方向ベクトルとする直線

(2) $f(\boldsymbol{v}) = \boldsymbol{0}$ のとき，点 A の像 A$'$ のただ 1 点

A

Q6.1 $\begin{cases} x' = 4x - y \\ y' = 2x - 3y \end{cases}$ で表される線形変換 f の表現行列を求めよ．また，f によるベクトル $\boldsymbol{p} = \begin{pmatrix} 2 \\ 3 \end{pmatrix}$ の像 $f(\boldsymbol{p})$ を求めよ．

Q6.2 $\begin{cases} x' = -x + 3y \\ y' = x - 2y \end{cases}$ で表される線形変換 f について，次の問いに答えよ．

(1) f を行列を用いて表し，その表現行列を求めよ．

(2) f による基本ベクトル $\boldsymbol{e}_1, \boldsymbol{e}_2$ の像を求めよ．

(3) f によるベクトル $\boldsymbol{p} = -2\boldsymbol{e}_1 + \boldsymbol{e}_2$ の像を求めよ．

Q6.3 線形変換 f, g の表現行列をそれぞれ $\begin{pmatrix} -1 & 3 \\ 0 & 4 \end{pmatrix}, \begin{pmatrix} 2 & -1 \\ 3 & 1 \end{pmatrix}$ とする．次の線形変換の表現行列を求めよ．

(1) $g \circ f$　　(2) $f \circ g$　　(3) $f \circ f$

Q6.4 線形変換 f の表現行列を $\begin{pmatrix} 1 & 5 \\ -3 & 4 \end{pmatrix}$ とするとき，f の逆変換の表現行列および $f(\boldsymbol{p}) = \begin{pmatrix} 2 \\ -3 \end{pmatrix}$ となるベクトル $\boldsymbol{p}$ を求めよ．

Q6.5 線形変換 f, g の表す行列をそれぞれ $\begin{pmatrix} -1 & 3 \\ 0 & 4 \end{pmatrix}, \begin{pmatrix} 2 & -1 \\ 3 & 1 \end{pmatrix}$ とするとき，次の線形変換の表現行列を求めよ．

(1) f^{-1}　　(2) g^{-1}　　(3) $g^{-1} \circ f^{-1}$　　(4) $(g \circ f)^{-1}$

Q6.6 線形変換 f の表現行列が $\begin{pmatrix} -3 & 2 \\ 1 & 2 \end{pmatrix}$ であるとき，基本ベクトルの像 $f(\boldsymbol{e}_1)$, $f(\boldsymbol{e}_2)$ が作る平行四辺形を図示せよ．

Q6.7 次の行列を表現行列とする線形変換はどのような変換か答えよ．

(1) $\begin{pmatrix} 2 & 0 \\ 0 & 1 \end{pmatrix}$　　(2) $\begin{pmatrix} 5 & 0 \\ 0 & 3 \end{pmatrix}$

Q6.8 直線 $y = -x$ に関する対称移動の表現行列を求めよ．

Q6.9 次の線形変換について，表現行列を求めよ．また，その変換による点 $\mathrm{P}(2, -4)$ の像を求めよ．

(1) 原点を中心とする角 $\dfrac{\pi}{4}$ の回転

(2) 原点を中心とする角 $\dfrac{2\pi}{3}$ の回転

Q6.10 次の行列について，列ベクトルが互いに直交していることを確かめよ．また，列ベクトルの向きを変えずに大きさを1にすることによって直交行列を作れ．

(1) $\begin{pmatrix} 3 & 1 \\ -1 & 3 \end{pmatrix}$ (2) $\begin{pmatrix} 2 & 1 \\ 1 & -2 \end{pmatrix}$

Q6.11 原点を中心とする角 $\dfrac{\pi}{3}$ の回転を f とし，$\boldsymbol{p} = \begin{pmatrix} 1 \\ -1 \end{pmatrix}$，$\boldsymbol{q} = \begin{pmatrix} 3 \\ 1 \end{pmatrix}$ とする．このとき，次のものを求めよ．

(1) $\boldsymbol{p} \cdot \boldsymbol{q}$ (2) $f(\boldsymbol{p})$ (3) $f(\boldsymbol{q})$ (4) $f(\boldsymbol{p}) \cdot f(\boldsymbol{q})$

Q6.12 行列 $\begin{pmatrix} 2 & -3 \\ 3 & 1 \end{pmatrix}$ を表現行列とする線形変換による，次の直線の像を求めよ．

(1) $\dfrac{x-2}{3} = \dfrac{y-1}{4}$ (2) $\dfrac{x-3}{2} = \dfrac{y+4}{-1}$

Q6.13 双曲線 $x^2 - y^2 = -1$ を原点のまわりに角 $\dfrac{\pi}{3}$ だけ回転させた図形の方程式を求めよ．

B

Q6.14 次の線形変換の表現行列を求めよ． → **まとめ 6.3, 6.5, 6.7, 6.9**

(1) 点 $(4, 5)$, $(1, 2)$ をそれぞれ $(1, -1)$, $(2, 1)$ に移す線形変換

(2) 原点を中心に角 $\dfrac{\pi}{3}$ だけ回転して，x 軸方向に2倍する線形変換

Q6.15 行列 $\begin{pmatrix} 3 & 1 \\ 1 & 2 \end{pmatrix}$ を表現行列とする線形変換を f とするとき，f による次の図形の像を求め，図示せよ． → **まとめ 6.4, Q6.6**

(1) $\mathrm{O}(0, 0)$, $\mathrm{A}(1, 0)$, $\mathrm{B}(1, 1)$, $\mathrm{C}(0, 1)$ とするとき，正方形 OABC

(2) $\mathrm{O}(0, 0)$, $\mathrm{D}(2, 0)$, $\mathrm{E}(0, 2)$ とするとき，三角形 ODE

Q6.16 行列 $A = \begin{pmatrix} -\dfrac{\sqrt{3}}{2} & -\dfrac{1}{2} \\ \dfrac{1}{2} & -\dfrac{\sqrt{3}}{2} \end{pmatrix}$ について次の問いに答えよ．ただし，E は2次の単位行列である． → **まとめ 6.5, 6.9**

(1) A によって表される線形変換はどのような変換であるか．

(2) $A^n = E$ となる最小の自然数 n を求めよ．

Q6.17　原点を中心に角 θ だけ回転する線形変換を f とする．f^3 は原点を中心に 3θ だけ回転する変換であることを利用して，3 倍角の公式

$$\sin 3\theta = 3\sin\theta - 4\sin^3\theta, \quad \cos 3\theta = 4\cos^3\theta - 3\cos\theta$$

を導け．　→ まとめ 6.9

Q6.18　行列 $A = \begin{pmatrix} 1 & 2 \\ 3 & -1 \end{pmatrix}$ を表現行列とする線形変換を f とするとき，次の問いに答えよ．　→ まとめ 6.12

(1) f による直線 $\begin{cases} x = 2t + 3 \\ y = -3t - 1 \end{cases}$ の像の方程式を，媒介変数表示で表せ．

(2) f による直線 $y = \dfrac{1}{2}x - 3$ の像の方程式を求めよ．

Q6.19　行列 $A = \begin{pmatrix} 1 & -2 \\ -3 & 6 \end{pmatrix}$ によって表される線形変換を f とするとき，f による次の直線の像を求めよ．　→ まとめ 6.12

(1) $2x + y - 1 = 0$　　(2) $x - 2y + 1 = 0$

Q6.20　直線 $y = 3x + 2$ 上のすべての点の像が 1 点 $(4, -6)$ であるような線形変換の表現行列を求めよ．　→ まとめ 6.12

Q6.21　直線 $y = mx$ に関する対称移動の表現行列を求めよ．　→ まとめ 6.3, 6.8

Q6.22　2 次正方行列 A について，次の 3 つの条件を考える．　→ まとめ 6.10, 6.11

(a) A は直交行列である．

(b) 任意の平面ベクトル $\boldsymbol{x}$, $\boldsymbol{y}$ に対して $A\boldsymbol{x} \cdot A\boldsymbol{y} = \boldsymbol{x} \cdot \boldsymbol{y}$ が成り立つ．

(c) 任意の平面ベクトル $\boldsymbol{v}$ に対して $|A\boldsymbol{v}| = |\boldsymbol{v}|$ が成り立つ．

このとき，次のことを証明せよ．

(1) (a) ならば (b)　　(2) (b) ならば (a)

(3) (b) ならば (c)　　(4) (c) ならば (b)

例題 6.1

行列 $A = \begin{pmatrix} 1 & 4 & 5 \\ 2 & 6 & 8 \\ 3 & 7 & 9 \end{pmatrix}$ を表現行列とする空間の線形変換を f とするとき，f による平面 $x + y + z = 0$ の像の方程式を求めよ．

解 $(A|E)$ に行の基本変形を行うと，

$$\left(\begin{array}{ccc|ccc} 1 & 4 & 5 & 1 & 0 & 0 \\ 2 & 6 & 8 & 0 & 1 & 0 \\ 3 & 7 & 9 & 0 & 0 & 1 \end{array}\right) \sim \left(\begin{array}{ccc|ccc} 1 & 0 & 0 & -1 & -\frac{1}{2} & 1 \\ 0 & 1 & 0 & 3 & -3 & 1 \\ 0 & 0 & 1 & -2 & \frac{5}{2} & -1 \end{array}\right)$$

となるので，A は正則で $A^{-1} = \begin{pmatrix} -1 & -\frac{1}{2} & 1 \\ 3 & -3 & 1 \\ -2 & \frac{5}{2} & -1 \end{pmatrix}$ である．f による点 (x, y, z) の像を点 (x', y', z') とすると，

$$\begin{pmatrix} x \\ y \\ z \end{pmatrix} = A^{-1} \begin{pmatrix} x' \\ y' \\ z' \end{pmatrix} = \begin{pmatrix} -x' - \frac{1}{2}y' + z' \\ 3x' - 3y' + z' \\ -2x' + \frac{5}{2}y' - z' \end{pmatrix}$$

となる．これを $x + y + z = 0$ に代入して，$-y' + z' = 0$ が得られる．x', y', z' をそれぞれ x, y, z に置き換えて，像の方程式 $y - z = 0$ が得られる．

Q6.23 行列 $A = \begin{pmatrix} -2 & 2 & -3 \\ 4 & -1 & 1 \\ 5 & 3 & -6 \end{pmatrix}$ を表現行列とする空間の線形変換を f とするとき，f による平面 $2x - y + z = 0$ の像の方程式を求めよ．

C

Q6.24 行列 $A = \begin{pmatrix} -1 & 1 & 2 \\ 2 & -1 & -4 \\ 1 & 1 & -1 \end{pmatrix}$ を表現行列とする線形変換を f とするとき，次の問いに答えよ． （類題：東京都立大学）

(1) A の逆行列を求めよ．

(2) f による平面 $x + 2y - z = 1$ の像の方程式を求めよ．

Q6.25　$A = \begin{pmatrix} 2 & 1 & 0 \\ 1 & 0 & 1 \\ 1 & 1 & -1 \end{pmatrix}$ の第 1, 第 2, 第 3 列ベクトルをそれぞれ $\boldsymbol{a}_1$, $\boldsymbol{a}_2$, $\boldsymbol{a}_3$ とする．また，A を表現行列とする線形変換を f とする．このとき，次の問いに答えよ．

（類題：岐阜大学）

(1) $\boldsymbol{a}_1$, $\boldsymbol{a}_2$ は線形独立であることを示せ．

(2) $\boldsymbol{a}_1$, $\boldsymbol{a}_2$, $\boldsymbol{a}_3$ は線形従属であることを示せ．

(3) 空間のすべての点は，線形変換 f によって同一平面上の点に移される．この平面の方程式を求めよ．

Q6.26　線形変換 f の表現行列が $A = \begin{pmatrix} 3 & 1 \\ 6 & 4 \end{pmatrix}$ であるとき，直線 $y = ax$ 上の任意の点の f による像が同じ直線 $y = ax$ 上にあるような a の値を求めよ．

（類題：東北大学）

Q6.27　平面の線形変換を次のように定義する．

- y 軸に関する対称移動を f とする．
- 直線 $y = ax$ に関する対称移動を g とする．
- 原点を中心に角 $\dfrac{\pi}{4}$ だけ回転させる変換を h とする．

このとき，$g \circ f = h$ となるような a の値を求めよ．　（類題：長岡技術科学大学）

Q6.28　θ を定数として，原点を通り，$\boldsymbol{u} = \begin{pmatrix} \cos\theta \\ \sin\theta \end{pmatrix}$ が法線ベクトルである直線を ℓ とする．直線 ℓ に関する対称移動を f とするとき，次の問いに答えよ．

（類題：埼玉大学）

(1) 任意の平面ベクトル $\boldsymbol{v}$ について，等式 $f(\boldsymbol{v}) = \boldsymbol{v} - 2(\boldsymbol{v} \cdot \boldsymbol{u})\boldsymbol{u}$ が成り立つことを示せ．

(2) f の表現行列を求めよ．

Q6.29　零ベクトルでない 2 つの平面ベクトル $\boldsymbol{b} = \begin{pmatrix} b_1 \\ b_2 \end{pmatrix}$, $\boldsymbol{c} = \begin{pmatrix} c_1 \\ c_2 \end{pmatrix}$ について，2 次正方行列 A を

$$A = \begin{pmatrix} b_1 \\ b_2 \end{pmatrix} \begin{pmatrix} c_1 & c_2 \end{pmatrix} = \begin{pmatrix} b_1c_1 & b_1c_2 \\ b_2c_1 & b_2c_2 \end{pmatrix}$$

によって定める．E を 2 次単位行列とするとき，次の問いに答えよ．

（類題：京都大学）

(1) $A^2 = (\boldsymbol{b}\cdot\boldsymbol{c})A$ が成り立つことを示せ．

(2) $E - A$ が正則である必要十分条件は，$\boldsymbol{b}\cdot\boldsymbol{c} \neq 1$ であることを示せ．

(3) $E - A$ が直交行列である必要十分条件は，$\boldsymbol{c} = \dfrac{2\boldsymbol{b}}{|\boldsymbol{b}|^2}$ であることを示せ．

(4) 原点を通り，$\boldsymbol{b}$ を法線ベクトルにもつ直線を ℓ とする．$E - A$ が直交行列であるとき，$E - A$ を表現行列とする線形変換は，直線 ℓ に関する対称移動であることを示せ．

7　正方行列の固有値と対角化

まとめ

7.1　正方行列の固有値と固有ベクトル　正方行列 A に対して，

$$A\boldsymbol{p} = \lambda\boldsymbol{p}, \quad \boldsymbol{p} \neq \boldsymbol{0}$$

を満たす実数 λ とベクトル $\boldsymbol{p}$ が存在するとき，λ を行列 A の**固有値**，$\boldsymbol{p}$ を λ に属する**固有ベクトル**という．

7.2　固有方程式　λ が A の固有値であるための必要十分条件は，方程式

$$|A - \lambda E| = 0$$

を満たすことである．これを A の**固有方程式**という．

7.3　正方行列の対角化　n 次正方行列 A が異なる n 個の固有値 $\lambda_1, \lambda_2, \ldots, \lambda_n$ をもつとする．$\lambda_1, \lambda_2, \ldots, \lambda_n$ に属する固有ベクトルをそれぞれ $\boldsymbol{p}_1, \boldsymbol{p}_2, \ldots, \boldsymbol{p}_n$ とする．このとき，行列 $P = \begin{pmatrix} \boldsymbol{p}_1 & \boldsymbol{p}_2 & \cdots & \boldsymbol{p}_n \end{pmatrix}$ は正則であり，次の式が成り立つ．

$$P^{-1}AP = \begin{pmatrix} \lambda_1 & 0 & \cdots & 0 \\ 0 & \lambda_2 & \ddots & \vdots \\ \vdots & \ddots & \ddots & 0 \\ 0 & \cdots & 0 & \lambda_n \end{pmatrix}$$

これを A の**対角化**といい，P を A の**対角化行列**という．このような P が存在するとき，A は**対角化可能**であるという．

7.4 固有方程式が重解をもつ場合の対角化　n 次正方行列 A の固有方程式が重解をもつ場合でも，n 個の線形独立な固有ベクトルが存在すれば，A を対角化することができる．

7.5 n 次元列ベクトルの内積と大きさ　n 次元列ベクトル

$$\boldsymbol{a} = \begin{pmatrix} a_1 \\ a_2 \\ \vdots \\ a_n \end{pmatrix}, \quad \boldsymbol{b} = \begin{pmatrix} b_1 \\ b_2 \\ \vdots \\ b_n \end{pmatrix}$$

に対して，$\boldsymbol{a}, \boldsymbol{b}$ の内積 $\boldsymbol{a} \cdot \boldsymbol{b}$ と $\boldsymbol{a}$ の大きさ $|\boldsymbol{a}|$ を次のように定める．

$$\boldsymbol{a} \cdot \boldsymbol{b} = a_1 b_1 + a_2 b_2 + \cdots + a_n b_n$$

$$|\boldsymbol{a}| = \sqrt{\boldsymbol{a} \cdot \boldsymbol{a}} = \sqrt{a_1^2 + a_2^2 + \cdots + a_n^2}$$

$|\boldsymbol{a}| = 1$ を満たすベクトル $\boldsymbol{a}$ を**単位ベクトル**という．また，$\boldsymbol{a} \neq \boldsymbol{0}$, $\boldsymbol{b} \neq \boldsymbol{0}$ が $\boldsymbol{a} \cdot \boldsymbol{b} = 0$ を満たすとき，$\boldsymbol{a}$ と $\boldsymbol{b}$ は**垂直**である，または**直交する**といい，$\boldsymbol{a} \perp \boldsymbol{b}$ と表す．

7.6 直交行列の性質　正方行列が直交行列であるための必要十分条件は，列ベクトルが互いに直交する単位ベクトルであることである．

7.7 対称行列の固有値　正方行列 A が ${}^tA = A$ を満たすとき，A を**対称行列**という．対称行列の固有値はすべて実数であり，異なる固有値に属する固有ベクトルは，互いに直交する．

7.8 対称行列の対角化　対称行列は直交行列によって対角化することができる．

7.9 シュミットの直交化法　2 つの線形独立なベクトル $\boldsymbol{a}, \boldsymbol{b}$ が与えられたとき，$\boldsymbol{b}' = \boldsymbol{b} - \dfrac{\boldsymbol{a} \cdot \boldsymbol{b}}{|\boldsymbol{a}|^2} \boldsymbol{a}$ とおくと，$\dfrac{\boldsymbol{a}}{|\boldsymbol{a}|}, \dfrac{\boldsymbol{b}'}{|\boldsymbol{b}'|}$ は互いに直交する単位ベクトルとなる．これを**シュミットの直交化法**という（例題 2.2 参照）．

A

Q7.1　次の正方行列 A の固有値と固有ベクトルを求めよ．

(1) $A = \begin{pmatrix} 3 & -3 \\ -2 & 4 \end{pmatrix}$　　(2) $A = \begin{pmatrix} 0 & -1 \\ -4 & 3 \end{pmatrix}$

Q7.2　次の正方行列 A の固有値と固有ベクトルを求めよ．

(1) $A = \begin{pmatrix} 2 & 0 & 1 \\ -1 & 1 & 1 \\ 1 & 1 & 0 \end{pmatrix}$　(2) $A = \begin{pmatrix} 1 & -1 & 1 \\ -1 & 1 & -1 \\ 1 & 1 & -1 \end{pmatrix}$　(3) $A = \begin{pmatrix} -1 & 2 & 2 \\ 2 & -1 & 2 \\ 2 & 2 & -1 \end{pmatrix}$

Q7.3　次の正方行列 A の対角化行列 P を求めて，A を対角化せよ．

(1) $A = \begin{pmatrix} -3 & 1 \\ -4 & 2 \end{pmatrix}$　　(2) $A = \begin{pmatrix} 4 & 2 \\ 1 & 3 \end{pmatrix}$

(3) $A = \begin{pmatrix} -1 & 1 & 1 \\ -2 & 1 & -2 \\ 1 & -2 & -1 \end{pmatrix}$　　(4) $A = \begin{pmatrix} 1 & 0 & 1 \\ 0 & 1 & 1 \\ 1 & 1 & 0 \end{pmatrix}$

Q7.4　3 次正方行列 $A = \begin{pmatrix} 7 & -12 & 6 \\ 0 & -1 & 0 \\ -8 & 12 & -7 \end{pmatrix}$ の対角化行列 P を求めて，A を対角化せよ．

Q7.5　次の対称行列 A を対角化する直交行列 P を求めて，A を対角化せよ．

(1) $A = \begin{pmatrix} -4 & 2 \\ 2 & -1 \end{pmatrix}$　　(2) $A = \begin{pmatrix} 1 & -3 \\ -3 & 1 \end{pmatrix}$

Q7.6　対称行列 $A = \begin{pmatrix} 2 & 1 & 1 \\ 1 & 2 & 1 \\ 1 & 1 & 2 \end{pmatrix}$ を対角化する直交行列 P を求めて，A を対角化せよ．

→ まとめ 7.9

B

Q7.7　2 次正方行列 $\begin{pmatrix} 1 & 1 \\ -1 & -2 \end{pmatrix}$ の固有値と固有ベクトルを求めよ．

→ まとめ 7.1, 7.2, Q7.1

Q7.8 正方行列 A が $A^2 = A$ を満たすとき，A の固有値は 0 または 1 であることを示せ．
→ まとめ 7.1

Q7.9 n を自然数とするとき，次の問いに答えよ．
→ まとめ 3.8〜3.10

(1) α, β を実数とするとき，$\begin{pmatrix} \alpha & 0 \\ 0 & \beta \end{pmatrix}^n = \begin{pmatrix} \alpha^n & 0 \\ 0 & \beta^n \end{pmatrix} \cdots$ ① が成り立つことを示せ．

(2) $A,\ B,\ P$ を 2 次正方行列とする．P が正則で $P^{-1}AP = B$ が成り立つとき，$A^n = PB^nP^{-1} \cdots$ ② が成り立つことを示せ．

例題 7.1

2 次正方行列 $A = \begin{pmatrix} 1 & -2 \\ -3 & 2 \end{pmatrix}$ について，A^n を求めよ．ただし，n は自然数とする．

解 A の固有値と固有ベクトルは $\lambda_1 = 4,\ \boldsymbol{p}_1 = s\begin{pmatrix} -2 \\ 3 \end{pmatrix};\ \lambda_2 = -1,\ \boldsymbol{p}_2 = t\begin{pmatrix} 1 \\ 1 \end{pmatrix}$ である（s, t は 0 でない任意の実数）．$P = \begin{pmatrix} -2 & 1 \\ 3 & 1 \end{pmatrix}$ とおくと，$P^{-1}AP = \begin{pmatrix} 4 & 0 \\ 0 & -1 \end{pmatrix}$ となる．したがって，$B = \begin{pmatrix} 4 & 0 \\ 0 & -1 \end{pmatrix}$ とおくと，

$$\begin{aligned} A^n &= PB^nP^{-1} \\ &= \begin{pmatrix} -2 & 1 \\ 3 & 1 \end{pmatrix}\begin{pmatrix} 4^n & 0 \\ 0 & (-1)^n \end{pmatrix} \cdot \frac{1}{-5}\begin{pmatrix} 1 & -1 \\ -3 & -2 \end{pmatrix} \\ &= \frac{1}{5}\begin{pmatrix} 2\cdot 4^n + 3\cdot(-1)^n & -2\cdot 4^n + 2\cdot(-1)^n \\ -3\cdot 4^n + 3\cdot(-1)^n & 3\cdot 4^n + 2\cdot(-1)^n \end{pmatrix} \end{aligned}$$

となる．

Q7.10 2 次正方行列 $A = \begin{pmatrix} 2 & 2 \\ 2 & -1 \end{pmatrix}$ について，A^n を求めよ．ただし，n は自然数とする．

Q7.11 2 つの数列 $\{x_n\}, \{y_n\}$ が漸化式

$$\begin{cases} x_n = 7x_{n-1} + 8y_{n-1} \\ y_n = 9x_{n-1} + 8y_{n-1} \end{cases} (n \geqq 2), \quad \begin{cases} x_1 = 1 \\ y_1 = -1 \end{cases}$$

で定められるとき，自然数 n について

$$\begin{pmatrix} x_n \\ y_n \end{pmatrix} = \begin{pmatrix} 7 & 8 \\ 9 & 8 \end{pmatrix}^{n-1} \begin{pmatrix} x_1 \\ y_1 \end{pmatrix}$$

が成り立つ．このことを使って，$\{x_n\}, \{y_n\}$ の一般項を求めよ． → まとめ 7.3

Q7.12 n 次正方行列 A, B について，正則な n 次正方行列 P があって，$P^{-1}AP = B$ を満たすとき，A は B に**相似**であるという．次の問いに答えよ．ただし，行列はすべて n 次正方行列であるとする． → まとめ 3.9, 4.12, 7.1, 7.2

(1) A は A に相似であることを示せ．

(2) A が B に相似ならば，B は A に相似であることを示せ．

(3) A が B に相似でありかつ B が C に相似ならば，A は C に相似であることを示せ．

(4) A が B に相似ならば，A と B の固有値は一致することを示せ．

C

Q7.13 次の正方行列の固有値と固有ベクトルを求めよ．

(1) $A = \begin{pmatrix} -1 & 1 & 1 & 1 \\ 1 & -1 & 1 & 1 \\ 1 & 1 & -1 & 1 \\ 1 & 1 & 1 & -1 \end{pmatrix}$ （類題：横浜国立大学）

(2) $A = \begin{pmatrix} 2 & 1 & 1 & 1 \\ 1 & 2 & 1 & 1 \\ 1 & 1 & 2 & 1 \\ 1 & 1 & 1 & 2 \end{pmatrix}$ （類題：九州大学）

Q7.14 3 次正方行列 A が固有値 λ をもつとき，次のことを示せ． （類題：岐阜大学）

(1) c を実数とするとき，cA は $c\lambda$ を固有値としてもつ．

(2) $E + A$ は $1 + \lambda$ を固有値としてもつ．

(3) A が正則で，$\lambda \neq 0$ であるとき，A^{-1} は $\dfrac{1}{\lambda}$ を固有値としてもつ．

Q7.15 次の問いに答えよ． （類題：広島市立大）

(1) 3 次正方行列 B が固有値 λ をもつとき，B^3 は λ^3 を固有値にもつことを示せ．

(2) 3 次正方行列が $A^3 = O$ を満たすとき，A の固有値は 0 に限られることを示せ．ただし，O は 3 次の零行列とする．

Q7.16　A, B を 2 次の正方行列とする．次の命題が正しければ証明し，正しくなければ反例をあげよ．　（類題：東京工業大学）

(1) λ が A の固有値で，μ が B の固有値のとき，$\lambda\mu$ は AB の固有値である．

(2) A が正則でないとき，A は固有値 0 をもつ．

Q7.17　行列 $A = \begin{pmatrix} 3 & 2 \\ 1 & 4 \end{pmatrix}$ が与えられているとき，次の問いに答えよ．ただし，E は 2 次単位行列で，n は自然数とする．　（類題：北海道大学）

(1) A の固有値と固有ベクトルを求めよ．　(2) A^n を求めよ．

(3) $E + A + A^2 + \cdots + A^{n-1}$ を計算せよ．

Q7.18　行列 $A = \begin{pmatrix} 1 & a-1 \\ 0 & a \end{pmatrix}$ について，以下の問いに答えよ．ただし，a は 1 でない実数とする．　（類題：九州大学）

(1) A の固有値と固有ベクトルを求めよ．

(2) A^n を求めよ．ただし，n は自然数とする．

(3) すべての自然数 n に対して $A^n = A$ を満たす a は存在するか．

Q7.19　原点を通り，法線ベクトルが $\boldsymbol{n}$ である平面 S が与えられているとする．空間ベクトル $\boldsymbol{p}$ に対して，$\boldsymbol{p}$ の平面 S への正射影ベクトルを対応させる線形写像を f，f の表現行列を A とするとき，次の問いに答えよ．　（類題：東京工業大学）

(1) f による $\boldsymbol{p}$ の像 $f(\boldsymbol{p})$ を，$\boldsymbol{p}, \boldsymbol{n}$ で表せ．

(2) $\boldsymbol{n}$ は行列 A の固有ベクトルであることを示せ．また，$\boldsymbol{n}$ に対応する固有値を求めよ．

(3) 平面 S 上の，原点を除く任意の点 P について，P の位置ベクトルを $\boldsymbol{p}$ とするとき，$\boldsymbol{p}$ は行列 A の固有ベクトルであることを示せ．また，$\boldsymbol{p}$ に対応する固有値を求めよ．

Q7.20　E, O をそれぞれ 2 次単位行列，2 次零行列とする．実数 α に対して，2 次正方行列 A で

$$(A - \alpha E)^2 = O, \quad A - \alpha E \neq O$$

を満たすものを考える．次の問いに答えよ．　（類題：茨城大学）

(1) $A - \alpha E$ は正則でないことを示せ．

(2) α は A の固有値であることを示せ．

(3) $\boldsymbol{p}_1$ を α に属する固有ベクトルとするとき，

$$(A - \alpha E)\boldsymbol{p}_2 = \boldsymbol{p}_1$$

を満たす列ベクトル $\boldsymbol{p}_2$ で，$\boldsymbol{p}_1, \boldsymbol{p}_2$ が線形独立となるものが存在することを示せ．

(4) (3) の $\boldsymbol{p}_1, \boldsymbol{p}_2$ を用いて，2 次正方行列 P を

$$P\begin{pmatrix}1\\0\end{pmatrix}=\boldsymbol{p}_1,\quad P\begin{pmatrix}0\\1\end{pmatrix}=\boldsymbol{p}_2$$

であるように定める．このとき，$P^{-1}AP$ を求めよ．

Q7.21　行列 $A=\begin{pmatrix}2&1&-1\\0&1&0\\1&1&0\end{pmatrix}$ について，次の問いに答えよ．ただし，E, O はそれぞれ 3 次の単位行列と零行列，n は自然数とする．　（類題：京都大学）

(1) A の固有値は 1 つだけであることを示せ．この固有値を λ とするとき，λ に属する固有ベクトルを求めよ．

(2) λ に属する固有ベクトル $\boldsymbol{p}$ の中で，

$$(A-\lambda E)\boldsymbol{q}=\boldsymbol{p}$$

が成り立つベクトル $\boldsymbol{q}$ が存在するものを 1 つ求めよ．

(3) (1), (2) の結果を使って，$P^{-1}AP=B$ が成り立つような上三角行列 B と正則行列 P を求めよ．なお，$\begin{pmatrix}a&b&c\\0&d&e\\0&0&f\end{pmatrix}$ のような行列を上三角行列という．

(4) a を実数とするとき，$\begin{pmatrix}a&1&0\\0&a&0\\0&0&a\end{pmatrix}^n=\begin{pmatrix}a^n&na^{n-1}&0\\0&a^n&0\\0&0&a^n\end{pmatrix}$ が成り立つことを示せ．

(5) (4) の結果を使って，A^n を求めよ．

Appendix

A ベクトル空間

まとめ

A.1 ベクトル空間 集合 V に実数倍と和が定義され，V の任意の要素 $\boldsymbol{a}, \boldsymbol{b}, \boldsymbol{c}$ と，任意のスカラー s, t に対して次の (1)〜(6) が成り立つとき，V を**ベクトル空間**または**線形空間**といい，その要素を**ベクトル**という．

(1) 交換法則：$\boldsymbol{a}+\boldsymbol{b}=\boldsymbol{b}+\boldsymbol{a}$

(2) 結合法則：$(\boldsymbol{a}+\boldsymbol{b})+\boldsymbol{c}=\boldsymbol{a}+(\boldsymbol{b}+\boldsymbol{c}), \quad (st)\boldsymbol{a}=s(t\boldsymbol{a})$

(3) 分配法則：$t(\boldsymbol{a}+\boldsymbol{b})=t\boldsymbol{a}+t\boldsymbol{b}, \quad (s+t)\boldsymbol{a}=s\boldsymbol{a}+t\boldsymbol{a}$

(4) $1\boldsymbol{a}=\boldsymbol{a}$

(5) 零ベクトルとよばれる要素 $\boldsymbol{0}$ がただ 1 つ存在して，$\boldsymbol{a}+\boldsymbol{0}=\boldsymbol{0}+\boldsymbol{a}=\boldsymbol{a}$

(6) $\boldsymbol{a}$ の逆ベクトルとよばれる要素 $-\boldsymbol{a}$ がただ 1 つ存在して，

$$\boldsymbol{a}+(-\boldsymbol{a})=(-\boldsymbol{a})+\boldsymbol{a}=\boldsymbol{0}$$

A.2 n 次元列ベクトル全体の集合 実数全体の集合を $\mathbb{R}$，$\mathbb{R}$ を成分とする n 次元列ベクトル全体の集合を $\mathbb{R}^n$ と表す．$\mathbb{R}^n$ はベクトル空間である．

A.3 部分空間 ベクトル空間 V の部分集合 W が，V の実数倍と和によって

$$t \in \mathbb{R},\ \boldsymbol{p}, \boldsymbol{q} \in W \quad \text{ならば} \quad t\boldsymbol{p},\ \boldsymbol{p}+\boldsymbol{q} \in W$$

を満たすとき，W は V の**部分空間**であるという．

A.4 ベクトル空間の基底と次元 ベクトル空間 V について，次の性質を満たすベクトルの組 $(\boldsymbol{v}_1, \boldsymbol{v}_2, \ldots, \boldsymbol{v}_n)$ を V の**基底**という．

(1) $\boldsymbol{v}_1, \boldsymbol{v}_2, \ldots, \boldsymbol{v}_n$ は線形独立である．

(2) V の任意の要素 $\boldsymbol{p}$ は $\boldsymbol{v}_1, \boldsymbol{v}_2, \ldots, \boldsymbol{v}_n$ の線形結合として表すことができる．

n は基底のとり方によらない．n を V の**次元**といい，$\dim V$ で表す．ただし，$V=\{\boldsymbol{0}\}$ の次元は 0 とする．

A.5 斉次連立 1 次方程式の解空間　斉次連立 1 次方程式

$$\begin{cases} a_{11}x_1 + a_{12}x_2 + \cdots + a_{1n}x_n = 0 \\ a_{21}x_1 + a_{22}x_2 + \cdots + a_{2n}x_n = 0 \\ \qquad\qquad \vdots \\ a_{m1}x_1 + a_{m2}x_2 + \cdots + a_{mn}x_n = 0 \end{cases} \qquad \cdots\cdots①$$

の解全体の集合は $\mathbb{R}^n$ の部分空間である．これを①の**解空間**という．

A.6 ベクトルが張る部分空間　$\boldsymbol{v}_1, \boldsymbol{v}_2, \ldots, \boldsymbol{v}_k$ を V のベクトルとするとき，V の部分空間

$$W = \{a_1\boldsymbol{v}_1 + a_2\boldsymbol{v}_2 + \cdots + a_k\boldsymbol{v}_k \,|\, a_1, a_2, \ldots, a_k \in \mathbb{R}\}$$

を，ベクトル $\boldsymbol{v}_1, \boldsymbol{v}_2, \ldots, \boldsymbol{v}_k$ が**張る部分空間**という．

A.7 線形写像の線形性　ベクトル空間 V からベクトル空間 U への写像 f が，任意のベクトル $\boldsymbol{x}, \boldsymbol{y} \in \mathbb{R}^n$ と任意の実数 t について，次の等式を満たすとき，f を V から U への**線形写像**という．

(1) $f(t\boldsymbol{x}) = tf(\boldsymbol{x})$　　　(2) $f(\boldsymbol{x}+\boldsymbol{y}) = f(\boldsymbol{x}) + f(\boldsymbol{y})$

とくに，V から V への線形写像を**線形変換**という．

A.8 線形写像　$\mathbb{R}^n$ から $\mathbb{R}^m$ への写像 f が，

$$\begin{cases} x_1' = a_{11}x_1 + a_{12}x_2 + \cdots + a_{1n}x_n \\ x_2' = a_{21}x_1 + a_{22}x_2 + \cdots + a_{2n}x_n \\ \qquad\qquad \vdots \\ x_m' = a_{m1}x_1 + a_{m2}x_2 + \cdots + a_{mn}x_n \end{cases}$$

で表されるとき，f は $\mathbb{R}^n$ から $\mathbb{R}^m$ への線形写像となる．この式を行列を用いて

$$\begin{pmatrix} x_1' \\ x_2' \\ \vdots \\ x_m' \end{pmatrix} = \begin{pmatrix} a_{11} & a_{12} & \cdots & a_{1n} \\ a_{21} & a_{22} & \cdots & a_{2n} \\ \vdots & \vdots & \ddots & \vdots \\ a_{m1} & a_{m2} & \cdots & a_{mn} \end{pmatrix} \begin{pmatrix} x_1 \\ x_2 \\ \vdots \\ x_n \end{pmatrix}$$

と表したとき，$m \times n$ 型行列 (a_{ij}) を線形写像 f の**表現行列**という．

A.9 線形写像の核と像 ベクトル空間 V からベクトル空間 U への線形写像 f について，次が成り立つ．

(1) f の核 $\mathrm{Ker}(f) = \{\boldsymbol{v} \in V \mid f(\boldsymbol{v}) = \boldsymbol{0}\}$ は V の部分空間である．

(2) f の像 $\mathrm{Im}(f) = \{f(\boldsymbol{v}) \mid \boldsymbol{v} \in V\}$ は U の部分空間である．

A.10 次元定理 f が n 次元ベクトル空間 V から m 次元ベクトル空間 U への線形写像であるとき，f の核と像の次元について次が成り立つ．

$$\dim \mathrm{Ker}(f) + \dim \mathrm{Im}(f) = n$$

A

Q-A.1 次の集合 W が $\mathbb{R}^3$ の部分空間であるかどうか調べよ．

(1) $W = \left\{ \begin{pmatrix} a \\ b \\ c \end{pmatrix} \middle| \; a^2 + b^2 + c^2 = 1 \right\}$　(2) $W = \left\{ \begin{pmatrix} c+d \\ c+2d \\ c+3d \end{pmatrix} \middle| \; c, d \in \mathbb{R} \right\}$

Q-A.2 次の $\mathbb{R}^3$ の部分空間 W について，基底を 1 組求め，その次元を答えよ．

(1) $W = \left\{ \begin{pmatrix} 2c \\ c \\ -3c \end{pmatrix} \middle| \; c \in \mathbb{R} \right\}$　(2) $W = \left\{ \begin{pmatrix} a+2b \\ a \\ b \end{pmatrix} \middle| \; a, b \in \mathbb{R} \right\}$

Q-A.3 次の連立 1 次方程式の解空間の基底を 1 組求め，その次元を答えよ．

(1) $\begin{cases} x + 3y - 2z = 0 \\ 3x - y + 4z = 0 \\ 2x + 5y - 3z = 0 \end{cases}$　(2) $\begin{cases} x + 2y + z + 5w = 0 \\ -3x + y - 10z - w = 0 \\ 2x - y + 7z = 0 \end{cases}$

Q-A.4 次のベクトルが張る部分空間の基底を 1 組求め，その次元を答えよ．

(1) $\begin{pmatrix} 2 \\ -3 \end{pmatrix}, \begin{pmatrix} -4 \\ 6 \end{pmatrix}$　(2) $\begin{pmatrix} -2 \\ 4 \\ 5 \end{pmatrix}, \begin{pmatrix} 3 \\ 1 \\ -2 \end{pmatrix}, \begin{pmatrix} 5 \\ 11 \\ 4 \end{pmatrix}$

Q-A.5 次の行列を表現行列とする線形写像 f の核と像について，それぞれの基底を 1 組ずつ求め，その次元を答えよ．

(1) $\begin{pmatrix} 2 & 1 & 4 \\ -5 & -3 & -9 \\ 3 & 4 & 1 \end{pmatrix}$ (2) $\begin{pmatrix} 3 & 2 & -1 & 8 \\ 1 & -1 & 3 & 1 \\ 0 & 2 & -4 & 2 \\ -2 & 3 & -8 & -1 \end{pmatrix}$

B

Q-A.6 次の線形変換または線形写像について，核の次元を求めて基底を 1 つあげよ．また，像の次元を求めて基底を 1 つあげよ． → まとめ A.4, Q-A.5

(1) $\begin{pmatrix} 1 & -2 & -1 \\ 9 & -7 & -7 \\ 12 & -13 & -10 \end{pmatrix}$ を表現行列とする $\mathbb{R}^3$ の線形変換

(2) $\begin{pmatrix} -3 & -5 & -6 & 7 \\ 5 & 2 & -7 & -4 \\ 2 & -3 & -13 & 3 \\ 8 & 7 & -1 & -11 \end{pmatrix}$ を表現行列とする $\mathbb{R}^4$ の線形変換

(3) $\begin{pmatrix} 1 & 1 & 0 & 0 \\ 0 & 1 & 1 & 0 \\ 0 & 0 & 1 & 1 \end{pmatrix}$ を表現行列とする $\mathbb{R}^4$ から $\mathbb{R}^3$ への線形写像

C

Q-A.7 実数を成分とする 2 次の正方行列全体の集合を V とする．行列の和と実数倍を考えるとき，V はベクトル空間となる．次の問いに答えよ．

（類題：東京都立大学，筑波大学）

(1) $\begin{pmatrix} 1 & 1 \\ -1 & -1 \end{pmatrix}$, $\begin{pmatrix} 1 & -1 \\ 1 & -1 \end{pmatrix}$, $\begin{pmatrix} 1 & 0 \\ 0 & -1 \end{pmatrix}$ が線形独立であるかどうか調べよ．

(2) $\boldsymbol{e}_1 = \begin{pmatrix} 1 & 0 \\ 0 & 0 \end{pmatrix}$, $\boldsymbol{e}_2 = \begin{pmatrix} 0 & 1 \\ 0 & 0 \end{pmatrix}$, $\boldsymbol{e}_3 = \begin{pmatrix} 0 & 0 \\ 1 & 0 \end{pmatrix}$, $\boldsymbol{e}_4 = \begin{pmatrix} 0 & 0 \\ 0 & 1 \end{pmatrix}$ とおくとき，

$(\boldsymbol{e}_1,\ \boldsymbol{e}_2,\ \boldsymbol{e}_3,\ \boldsymbol{e}_4)$ が V の基底であることを示せ．

Q-A.8　線形写像 $f:\mathbb{R}^3\to\mathbb{R}^2$ を $f\left(\begin{pmatrix} x\\ y\\ z\end{pmatrix}\right)=\begin{pmatrix} x+y\\ y+z\end{pmatrix}$ で定めるとき，f の表現行列を求めよ．　（類題：広島市立大学）

Q-A.9　写像 $T:\mathbb{R}^3\to\mathbb{R}^2$ を $T\left(\begin{pmatrix} x\\ y\\ z\end{pmatrix}\right)=\begin{pmatrix} 2x+3y+4z\\ x+y-z\end{pmatrix}$ で定める．$\mathbb{R}^3$ のベクトル $\boldsymbol{a}_1=\begin{pmatrix} 1\\ -1\\ 0\end{pmatrix}$, $\boldsymbol{a}_2=\begin{pmatrix} 1\\ 1\\ 1\end{pmatrix}$, $\boldsymbol{a}_3=\begin{pmatrix} 0\\ 1\\ -1\end{pmatrix}$ と，$\mathbb{R}^2$ のベクトル $\boldsymbol{b}_1=\begin{pmatrix} 1\\ 2\end{pmatrix}$, $\boldsymbol{b}_2=\begin{pmatrix} 1\\ 0\end{pmatrix}$ について，次の問いに答えよ．　（類題：埼玉大学）

(1) $(\boldsymbol{a}_1,\ \boldsymbol{a}_2,\ \boldsymbol{a}_3)$ は $\mathbb{R}^3$ の基底であることを示せ．

(2) $(T(\boldsymbol{a}_1)\ T(\boldsymbol{a}_2)\ T(\boldsymbol{a}_3))=(\boldsymbol{b}_1\ \boldsymbol{b}_2)A$ を満たす 2×3 型行列 A を求めよ．

Q-A.10　n を自然数とし，$f:\mathbb{R}^n\to\mathbb{R}^n$ を線形変換とするとき，$\mathrm{Im}(f^m)=\mathrm{Im}(f^{m+1})$ を満たす自然数 m が存在することを示せ．ただし，f^m は f を m 回合成した変換である．　（類題：筑波大学）

Q-A.11　ベクトル空間 V において，$(\boldsymbol{a}_1,\ \boldsymbol{a}_2,\ \boldsymbol{a}_3)$ は V の基底であるとする．$\boldsymbol{b}_1=\boldsymbol{a}_2+\boldsymbol{a}_3$, $\boldsymbol{b}_2=\boldsymbol{a}_3+\boldsymbol{a}_1$, $\boldsymbol{b}_3=\boldsymbol{a}_1+\boldsymbol{a}_2$ とおくとき，$(\boldsymbol{b}_1,\ \boldsymbol{b}_2,\ \boldsymbol{b}_3)$ は V の基底であることを示せ．　（類題：神戸大学）

Appendix

B 補遺

まとめ

B.1 クラメルの公式 II　n 個の未知数に関する連立 1 次方程式 $A\boldsymbol{x} = \boldsymbol{b}$ の係数行列 A が正則であるとき，その解は

$$x_j = \frac{|A_j|}{|A|} \quad (j = 1, 2, \ldots, n)$$

となる．ここで，A_j は，行列 A の第 j 列を $\boldsymbol{b}$ に置き換えた行列である．

B.2 異なる固有値に対する固有ベクトル　$\lambda_1, \lambda_2, \ldots, \lambda_m$ は正方行列 A の互いに異なる固有値とする．このとき，各固有値 λ_k に属する固有ベクトルを $\boldsymbol{p}_k$ とすると，$\boldsymbol{p}_1, \boldsymbol{p}_2, \ldots, \boldsymbol{p}_m$ は線形独立である．

B.3 2 次曲線　a, b, c, k を定数とするとき，方程式

$$ax^2 + 2bxy + cy^2 = k$$

で表される曲線を **2 次曲線**という．

B.4 2 次曲線の標準形　対称行列 $\begin{pmatrix} a & b \\ b & c \end{pmatrix}$ の固有値を λ_1, λ_2 とする．このとき，2 次曲線 $ax^2 + 2bxy + cy^2 = k$ の**標準形**は，

$$\lambda_1 x^2 + \lambda_2 y^2 = k$$

である．さらに，2 次曲線 $ax^2 + 2bxy + cy^2 = k$ は，次のように分類される．

(1) $\lambda_1\lambda_2 > 0$ かつ k が λ_1 と同符号であるとき，楕円（円を含む）

(2) $\lambda_1\lambda_2 < 0$ かつ $k \neq 0$ であるとき，双曲線

A

Q-B.1　次の 2 次曲線を，直交行列により座標を変換して標準形を求め，楕円か双曲線かを判定せよ．

(1) $x^2 + 6xy + y^2 = 4$　　(2) $2x^2 + 4xy + 5y^2 = 6$

B

Q-B.2　2 次曲線 $5x^2 - 26xy + 5y^2 = -72$ の標準形の 1 つを求めよ．また，この 2 次曲線は標準形が表す曲線をどのように回転させたものか答えよ．

Q-B.3　クラメルの公式を使って，連立 1 次方程式 $\begin{cases} 2x + 3y - 2z = 2 \\ 3x + y - 2z = -3 \\ 2x - 2y - 3z = -9 \end{cases}$ を解け．

→ まとめ B.1

Q-B.4　次の問いに答えよ．

→ まとめ B.4

(1) 2 次曲線 $ax^2 + bxy + cy^2 = 1$ を原点を中心に θ だけ回転した像の方程式が $px^2 + qy^2 = 1$ の形になるとき，$(a - c)\sin 2\theta + b\cos 2\theta = 0$ が成り立つことを示せ．

(2) 2 次曲線 $5x^2 - 2\sqrt{3}xy + 3y^2 = 1$ を原点を中心に θ だけ回転した像の方程式が $px^2 + qy^2 = 1$ の形になるとき，θ の値を求めよ．ただし，θ は $0 \leqq \theta \leqq \dfrac{\pi}{2}$ を満たすとする．また，この 2 次曲線の形を答えよ．

C

Q-B.5　行列 $\begin{pmatrix} 2 & 3 \\ 3 & 2 \end{pmatrix}$ を A とする．ベクトル $\boldsymbol{p} = \begin{pmatrix} x \\ y \end{pmatrix}$ に対して，内積を使って関数を $Q(\boldsymbol{p}) = A\boldsymbol{p}\cdot\boldsymbol{p}$ と定義する．次の問いに答えよ．　（類題：名古屋工業大学）

(1) A の固有値と固有ベクトルを求めよ．

(2) 条件 $\boldsymbol{p}\cdot\boldsymbol{p} = 1$ のもとで，関数 $Q(\boldsymbol{p})$ の最大値と最小値を求めよ．

Q-B.6　2 次曲線 $5x^2 - 2\sqrt{3}xy + 3y^2 = 18$ の標準形を求めよ．　（類題：東北大学）

解　答

第1章　ベクトルと図形

第1節　ベクトル

1.1　(1) $\overrightarrow{\mathrm{BD}}$　(2) $\overrightarrow{\mathrm{EA}}$, $\overrightarrow{\mathrm{DB}}$
(3) $\overrightarrow{\mathrm{DA}}$, $\overrightarrow{\mathrm{BE}}$, $\overrightarrow{\mathrm{EB}}$, $\overrightarrow{\mathrm{CF}}$, $\overrightarrow{\mathrm{FC}}$

1.2　(1) $\overrightarrow{\mathrm{EG}}$　(2) $\overrightarrow{\mathrm{BA}}$, $\overrightarrow{\mathrm{FE}}$, $\overrightarrow{\mathrm{GH}}$, $\overrightarrow{\mathrm{CD}}$
(3) $\overrightarrow{\mathrm{FA}}$, $\overrightarrow{\mathrm{BE}}$, $\overrightarrow{\mathrm{EB}}$, $\overrightarrow{\mathrm{DG}}$, $\overrightarrow{\mathrm{GD}}$, $\overrightarrow{\mathrm{CH}}$, $\overrightarrow{\mathrm{HC}}$

1.3　(1) $\pm 3\boldsymbol{a}$　(2) $\dfrac{10}{3}\boldsymbol{a}$　(3) $-\dfrac{1}{4}\boldsymbol{a}$
(4) $\dfrac{3}{2}\boldsymbol{a}$

1.4

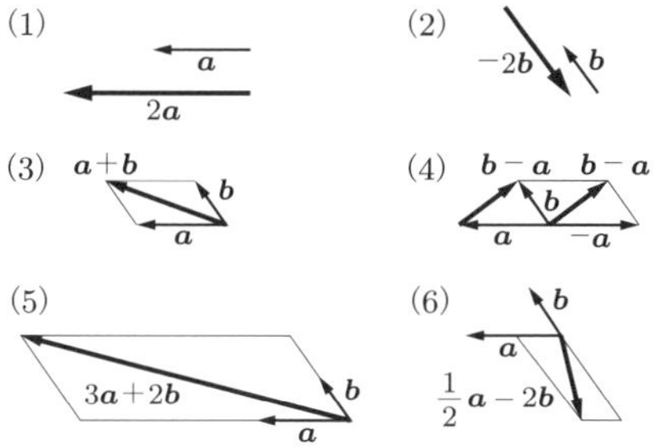

1.5　(1) $\overrightarrow{\mathrm{AC}}$, $\overrightarrow{\mathrm{EG}}$　(2) $\overrightarrow{\mathrm{EB}}$, $\overrightarrow{\mathrm{HC}}$
(3) $\overrightarrow{\mathrm{DE}}$, $\overrightarrow{\mathrm{CF}}$　(4) $\overrightarrow{\mathrm{AG}}$
(5) $\overrightarrow{\mathrm{EC}}$　(6) $\overrightarrow{\mathrm{BH}}$

1.6　(1) $18\boldsymbol{a}+\boldsymbol{b}$　(2) $-8\boldsymbol{a}-9\boldsymbol{b}$
(3) $8\boldsymbol{a}-\dfrac{1}{6}\boldsymbol{b}$

1.7　(1) $\dfrac{1}{5}(2\boldsymbol{a}+3\boldsymbol{b})$　(2) $\dfrac{1}{8}(3\boldsymbol{a}+5\boldsymbol{b})$
(3) $\dfrac{1}{8}(5\boldsymbol{a}+3\boldsymbol{b})$

1.8　(1)

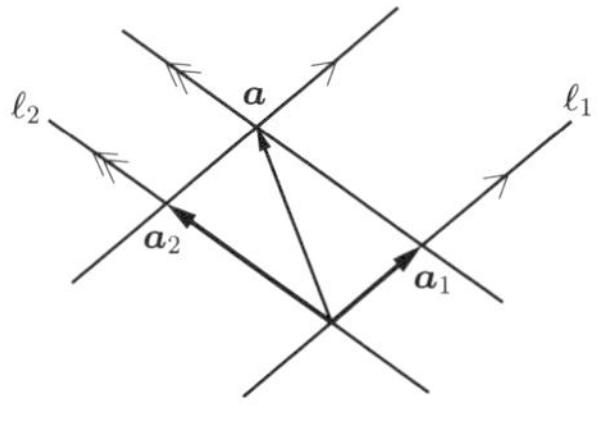

(2)

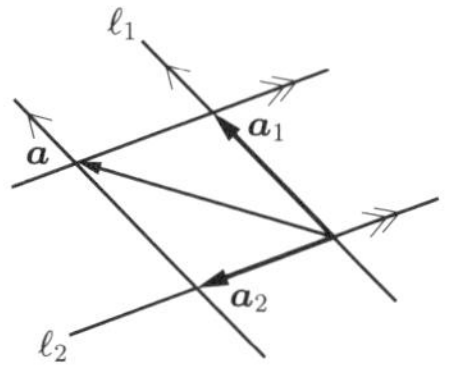

1.9　(1) 5　(2) $2\sqrt{13}$　(3) $2\sqrt{2}$

1.10　(1) $\mathrm{B}(2,0,0)$　(2) $\mathrm{C}(0,-3,0)$
(3) $\mathrm{D}(0,-3,4)$　(4) $\mathrm{E}(2,0,4)$

1.11　(1) $\sqrt{38}$　(2) $\sqrt{19}$　(3) $2\sqrt{2}$

1.12　$\boldsymbol{a}=\begin{pmatrix}1\\3\end{pmatrix}$, $\boldsymbol{b}=\begin{pmatrix}-2\\-2\end{pmatrix}$, $\boldsymbol{c}=\begin{pmatrix}4\\0\end{pmatrix}$,
$\boldsymbol{d}=\begin{pmatrix}0\\3\end{pmatrix}$, $\boldsymbol{e}=\begin{pmatrix}3\\-2\end{pmatrix}$, $\boldsymbol{f}=\begin{pmatrix}-3\\3\end{pmatrix}$

1.13　(1) $\begin{pmatrix}-12\\-7\end{pmatrix}$　(2) $\begin{pmatrix}-\dfrac{5}{6}\\\dfrac{11}{3}\end{pmatrix}$

1.14　(1) $\begin{pmatrix}5\\4\end{pmatrix}$　(2) $\begin{pmatrix}-5\\6\end{pmatrix}$　(3) $\begin{pmatrix}-3\\4\\3\end{pmatrix}$
(4) $\begin{pmatrix}5\\7\\0\end{pmatrix}$

1.15　(1) $\begin{pmatrix}4\\13\\-9\end{pmatrix}$　(2) $\begin{pmatrix}5\\-3\\-14\end{pmatrix}$
(3) $\begin{pmatrix}-11\\-3\\8\end{pmatrix}$

1.16　(1) $\sqrt{34}$　(2) $\sqrt{29}$　(3) $\sqrt{13}$

1.17　(1) $\sqrt{38}$　(2) $\sqrt{14}$　(3) $\sqrt{74}$

1.18　(1) $k=-6$　(2) $k=2,-3$
(3) $k_1=k_2=-2$　(4) $k_1=k_2=\dfrac{3}{4}$

1.19 (1) $\begin{pmatrix} x \\ y \end{pmatrix} = \begin{pmatrix} 1 \\ -2 \end{pmatrix} + t\begin{pmatrix} 2 \\ -1 \end{pmatrix}$,

$\begin{cases} x = \ \ 1+2t \\ y = -2 - \ \ t \end{cases}$, $\dfrac{x-1}{2} = \dfrac{y+2}{-1}$

(2) $\begin{pmatrix} x \\ y \end{pmatrix} = \begin{pmatrix} 1 \\ -3 \end{pmatrix} + t\begin{pmatrix} 3 \\ 5 \end{pmatrix}$,

$\begin{cases} x = \ \ 1+3t \\ y = -3+5t \end{cases}$, $\dfrac{x-1}{3} = \dfrac{y+3}{5}$

(3) $\begin{pmatrix} x \\ y \\ z \end{pmatrix} = \begin{pmatrix} 3 \\ 2 \\ 1 \end{pmatrix} + t\begin{pmatrix} -2 \\ 2 \\ 3 \end{pmatrix}$,

$\begin{cases} x = 3-2t \\ y = 2+2t \\ z = 1+3t \end{cases}$, $\dfrac{x-3}{-2} = \dfrac{y-2}{2} = \dfrac{z-1}{3}$

(4) $\begin{pmatrix} x \\ y \\ z \end{pmatrix} = \begin{pmatrix} -1 \\ 2 \\ 1 \end{pmatrix} + t\begin{pmatrix} -2 \\ -1 \\ 1 \end{pmatrix}$,

$\begin{cases} x = -1-2t \\ y = \ \ 2- \ \ t \\ z = \ \ 1+ \ \ t \end{cases}$, $\dfrac{x+1}{-2} = \dfrac{y-2}{-1} = z-1$

1.20 (1) $x-1 = \dfrac{y-2}{-5}$

(2) $\dfrac{x+2}{5} = \dfrac{y-3}{-2}$

(3) $\dfrac{x-1}{2} = \dfrac{y+4}{3} = \dfrac{z-2}{-5}$

(4) $x-2 = \dfrac{y-4}{-2} = \dfrac{z-3}{-2}$

(5) $x-2 = \dfrac{y-4}{-2}$, $z=3$

(6) $x=2$, $y = \dfrac{z-3}{-4}$

1.21 (1) $\overrightarrow{\mathrm{AC}} = \boldsymbol{a}+\boldsymbol{b}$, $|\overrightarrow{\mathrm{AC}}| = \sqrt{13}$ であるから，求めるベクトルは $\dfrac{1}{\sqrt{13}}\boldsymbol{a} + \dfrac{1}{\sqrt{13}}\boldsymbol{b}$

(2) $\overrightarrow{\mathrm{BD}} = \boldsymbol{b}-\boldsymbol{a}$, $|\overrightarrow{\mathrm{BD}}| = \sqrt{13}$ であるから，求めるベクトルは $-\dfrac{1}{\sqrt{13}}\boldsymbol{a} + \dfrac{1}{\sqrt{13}}\boldsymbol{b}$

1.22 正方形の 1 辺の長さを x とする．$\overrightarrow{\mathrm{OP}} = 2\boldsymbol{b}-\boldsymbol{a}$ となる点 P をとると，三角形 OAP は，OP が斜辺の直角三角形であるから，$x^2+(2x)^2 = 3^2$ となる．これを解いて，$x = \dfrac{3}{\sqrt{5}}$

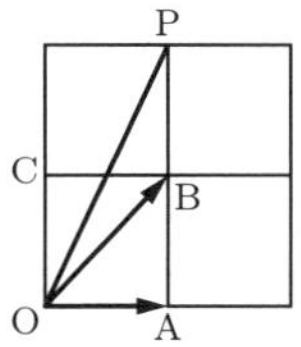

1.23 (1) $\overrightarrow{\mathrm{AB}} = \overrightarrow{\mathrm{PB}} - \overrightarrow{\mathrm{PA}} = -\boldsymbol{a}+\boldsymbol{b}$

(2) $\overrightarrow{\mathrm{PD}} = -\dfrac{1}{2}\overrightarrow{\mathrm{AB}} = -\dfrac{1}{2}(\boldsymbol{b}-\boldsymbol{a})$

$= \dfrac{1}{2}\boldsymbol{a} - \dfrac{1}{2}\boldsymbol{b}$

(3) $\overrightarrow{\mathrm{AD}} = \overrightarrow{\mathrm{PD}} - \overrightarrow{\mathrm{PA}} = \dfrac{1}{2}(\boldsymbol{a}-\boldsymbol{b}) - \boldsymbol{a}$

$= -\dfrac{1}{2}\boldsymbol{a} - \dfrac{1}{2}\boldsymbol{b}$

(4) $\overrightarrow{\mathrm{AC}} = \overrightarrow{\mathrm{AB}} + \overrightarrow{\mathrm{AD}} = \boldsymbol{b}-\boldsymbol{a}-\dfrac{1}{2}(\boldsymbol{b}+\boldsymbol{a})$

$= -\dfrac{3}{2}\boldsymbol{a} + \dfrac{1}{2}\boldsymbol{b}$

1.24 (1) $\boldsymbol{a}+\boldsymbol{b}$ (2) $\boldsymbol{b}+\boldsymbol{c}$ (3) $\boldsymbol{a}+\boldsymbol{b}+\boldsymbol{c}$

(4) $\dfrac{1}{2}(\boldsymbol{a}+\boldsymbol{b}+2\boldsymbol{c})$ (5) $\dfrac{1}{2}(\boldsymbol{a}+\boldsymbol{c})$

(6) $\dfrac{1}{2}(2\boldsymbol{a}+\boldsymbol{b}+\boldsymbol{c})$

1.25 原点を O とする．

(1) $\overrightarrow{\mathrm{OM}} = \dfrac{1}{2}\overrightarrow{\mathrm{OB}} + \dfrac{1}{2}\overrightarrow{\mathrm{OC}} = \dfrac{1}{2}\boldsymbol{b} + \dfrac{1}{2}\boldsymbol{c}$ であるから，

$$\begin{aligned}\overrightarrow{\mathrm{OP}} &= \frac{2}{5}\overrightarrow{\mathrm{OA}} + \frac{3}{5}\overrightarrow{\mathrm{OM}} \\ &= \frac{2}{5}\boldsymbol{a} + \frac{3}{5}\left(\frac{1}{2}\boldsymbol{b} + \frac{1}{2}\boldsymbol{c}\right) \\ &= \frac{2}{5}\boldsymbol{a} + \frac{3}{10}\boldsymbol{b} + \frac{3}{10}\boldsymbol{c}\end{aligned}$$

(2) $\overrightarrow{\mathrm{ON}} = \dfrac{4}{7}\overrightarrow{\mathrm{OA}} + \dfrac{3}{7}\overrightarrow{\mathrm{OB}} = \dfrac{4}{7}\boldsymbol{a} + \dfrac{3}{7}\boldsymbol{b}$ であるから，

$$\begin{aligned}\overrightarrow{\mathrm{OQ}} &= \frac{3}{10}\overrightarrow{\mathrm{OC}} + \frac{7}{10}\overrightarrow{\mathrm{ON}} \\ &= \frac{3}{10}\boldsymbol{c} + \frac{7}{10}\left(\frac{4}{7}\boldsymbol{a} + \frac{3}{7}\boldsymbol{b}\right) \\ &= \frac{2}{5}\boldsymbol{a} + \frac{3}{10}\boldsymbol{b} + \frac{3}{10}\boldsymbol{c}\end{aligned}$$

1.26 (1) 点 D, E, F の位置ベクトルは，それぞれ $\dfrac{n}{m+n}\boldsymbol{b} + \dfrac{m}{m+n}\boldsymbol{c}$, $\dfrac{n}{m+n}\boldsymbol{c} + \dfrac{m}{m+n}\boldsymbol{a}$, $\dfrac{n}{m+n}\boldsymbol{a} + \dfrac{m}{m+n}\boldsymbol{b}$ であるから，

$$\overrightarrow{\mathrm{AD}}+\overrightarrow{\mathrm{BE}}+\overrightarrow{\mathrm{CF}}$$
$$=\overrightarrow{\mathrm{OD}}-\overrightarrow{\mathrm{OA}}+\overrightarrow{\mathrm{OE}}-\overrightarrow{\mathrm{OB}}+\overrightarrow{\mathrm{OF}}-\overrightarrow{\mathrm{OC}}$$
$$=\frac{n}{m+n}\boldsymbol{b}+\frac{m}{m+n}\boldsymbol{c}-\boldsymbol{a}$$
$$+\frac{n}{m+n}\boldsymbol{c}+\frac{m}{m+n}\boldsymbol{a}-\boldsymbol{b}$$
$$+\frac{n}{m+n}\boldsymbol{a}+\frac{m}{m+n}\boldsymbol{b}-\boldsymbol{c}$$
$$=(\boldsymbol{a}+\boldsymbol{b}+\boldsymbol{c})-(\boldsymbol{a}+\boldsymbol{b}+\boldsymbol{c})=\boldsymbol{0}$$

(2) $\frac{1}{3}\left\{\left(\frac{n}{m+n}\boldsymbol{b}+\frac{m}{m+n}\boldsymbol{c}\right)\right.$
$$+\left(\frac{n}{m+n}\boldsymbol{c}+\frac{m}{m+n}\boldsymbol{a}\right)$$
$$\left.+\left(\frac{n}{m+n}\boldsymbol{a}+\frac{m}{m+n}\boldsymbol{b}\right)\right\}$$
$$=\frac{1}{3}(\boldsymbol{a}+\boldsymbol{b}+\boldsymbol{c})$$

1.27 (1) $\frac{1}{3}(\boldsymbol{a}+\boldsymbol{b})$ (2) $\frac{1}{3}(\boldsymbol{b}+\boldsymbol{c})$

(3) $\frac{1}{3}(\boldsymbol{a}+\boldsymbol{c})$

(4) $\frac{1}{3}(\overrightarrow{\mathrm{OG}}+\overrightarrow{\mathrm{OH}}+\overrightarrow{\mathrm{OI}})=\frac{2}{9}(\boldsymbol{a}+\boldsymbol{b}+\boldsymbol{c})$

1.28 (1) $\overrightarrow{\mathrm{AD}}=\frac{1}{2}\overrightarrow{\mathrm{AM}}+\frac{1}{2}\overrightarrow{\mathrm{AC}}$
$$=\frac{1}{2}\cdot\frac{1}{2}\boldsymbol{b}+\frac{1}{2}\boldsymbol{c}=\frac{1}{4}\boldsymbol{b}+\frac{1}{2}\boldsymbol{c}$$

(2) $\overrightarrow{\mathrm{AE}}=\frac{1}{3}\boldsymbol{b}+\frac{2}{3}\boldsymbol{c}$ であるから，

$\overrightarrow{\mathrm{AE}}=\frac{4}{3}\overrightarrow{\mathrm{AD}}$ が成り立つ．したがって，$\overrightarrow{\mathrm{AD}} /\!/ \overrightarrow{\mathrm{AE}}$ であるから，A, D, E は同一直線上にある．

1.29 (1) 3 点 A, B, C が同一直線上にあるのは，$\overrightarrow{\mathrm{AC}}=t\overrightarrow{\mathrm{AB}}$ となる実数 t があるときである．$\begin{pmatrix}x-2\\4\end{pmatrix}=t\begin{pmatrix}-3\\5\end{pmatrix}$ から，$x-2=-3t,\ 4=5t$ となり，これを解いて $x=-\frac{2}{5}$

(2) $\overrightarrow{\mathrm{AD}}=\overrightarrow{\mathrm{BC}}$ から，$\begin{pmatrix}-1\\y+1\end{pmatrix}=\begin{pmatrix}x+1\\-1\end{pmatrix}$ となり，$x+1=-1,\ y+1=-1$ となる．これを解いて，$x=-2,\ y=-2$

1.30 (1) $x=\frac{-3\cdot2+2\cdot(-1)}{2-3}=8$,
$y=\frac{-3\cdot(-1)+2\cdot4}{2-3}=-11$ から，$(8,-11)$

(2) $x=\frac{-1\cdot(-1)+3\cdot2}{3-1}=\frac{7}{2}$,
$y=\frac{-1\cdot4+3\cdot(-1)}{3-1}=-\frac{7}{2}$ から，
$\left(\frac{7}{2},-\frac{7}{2}\right)$

1.31 (1) $\boldsymbol{x}=\boldsymbol{a}-\boldsymbol{b},\ \boldsymbol{y}=\boldsymbol{a}+\boldsymbol{b}$ であるから，
$\boldsymbol{x}=\begin{pmatrix}-3\\5\end{pmatrix},\ \boldsymbol{y}=\begin{pmatrix}-1\\1\end{pmatrix}$

(2) $\boldsymbol{x}=\frac{11}{7}\boldsymbol{a}-\frac{1}{7}\boldsymbol{b},\ \boldsymbol{y}=\frac{5}{7}\boldsymbol{a}-\frac{3}{7}\boldsymbol{b}$ であるから，$\boldsymbol{x}=\begin{pmatrix}-\frac{23}{7}\\5\end{pmatrix}$ $\boldsymbol{y}=\begin{pmatrix}-\frac{13}{7}\\3\end{pmatrix}$

1.32 (1) $\boldsymbol{c}=\begin{pmatrix}t+2\\-t+3\end{pmatrix}$

(2) $|\boldsymbol{c}|^2=(t+2)^2+(-t+3)^2=2t^2-2t+13$
$=2\left(t-\frac{1}{2}\right)^2+\frac{25}{2}$ であるから，$t=\frac{1}{2}$ のとき最小値 $\frac{5}{2}\sqrt{2}$ をとる．

1.33 (1) $\boldsymbol{a}=\boldsymbol{a}+t(\boldsymbol{b}-\boldsymbol{a})$ から，$t(\boldsymbol{b}-\boldsymbol{a})=\boldsymbol{0}$ が得られる．よって，$t=0$

(2) $\boldsymbol{b}=\boldsymbol{a}+t(\boldsymbol{b}-\boldsymbol{a})$ から，$(t-1)(\boldsymbol{b}-\boldsymbol{a})=\boldsymbol{0}$ が得られる．よって，$t=1$

(3) $\frac{1}{2}(\boldsymbol{a}+\boldsymbol{b})=\boldsymbol{a}+t(\boldsymbol{b}-\boldsymbol{a})$ から，$(2t-1)(\boldsymbol{b}-\boldsymbol{a})=\boldsymbol{0}$ が得られる．よって，$t=\frac{1}{2}$

(4) $\frac{2}{3}\boldsymbol{a}+\frac{1}{3}\boldsymbol{b}=\boldsymbol{a}+t(\boldsymbol{b}-\boldsymbol{a})$ から，$(3t-1)(\boldsymbol{b}-\boldsymbol{a})=\boldsymbol{0}$ が得られる．よって，$t=\frac{1}{3}$

1.34 (1) 点 A を通り，方向ベクトルが $\overrightarrow{\mathrm{AB}}=\boldsymbol{b}-\boldsymbol{a}$ であるから，$\boldsymbol{p}=\boldsymbol{a}+t(\boldsymbol{b}-\boldsymbol{a})$

(2) 原点を通り，方向ベクトルが $\overrightarrow{\mathrm{OC}}=\boldsymbol{a}+\boldsymbol{b}$ であるから，$\boldsymbol{p}=t(\boldsymbol{a}+\boldsymbol{b})$

(3) 点 B を通り，方向ベクトルが $\overrightarrow{\mathrm{BC}}=\overrightarrow{\mathrm{OA}}=\boldsymbol{a}$ であるから，$\boldsymbol{p}=\boldsymbol{b}+t\boldsymbol{a}$

(4) 点 C を通り，方向ベクトルが $\overrightarrow{\mathrm{AB}}=\boldsymbol{b}-\boldsymbol{a}$ であるから，$\boldsymbol{p}=\boldsymbol{a}+\boldsymbol{b}+t(\boldsymbol{b}-\boldsymbol{a})$

1.35 (1) $\boldsymbol{p}=\overrightarrow{\mathrm{OD}}+t\overrightarrow{\mathrm{DF}}=\boldsymbol{c}+t(\boldsymbol{a}+\boldsymbol{b})$

(2) $\boldsymbol{p}=\overrightarrow{\mathrm{OE}}+t\overrightarrow{\mathrm{EG}}=\overrightarrow{\mathrm{OE}}+t(\overrightarrow{\mathrm{ED}}-\overrightarrow{\mathrm{DG}})$

$= \boldsymbol{a} + \boldsymbol{c} + t(\boldsymbol{b} - \boldsymbol{a})$

(3) $\boldsymbol{p} = \overrightarrow{\mathrm{OC}} + t\overrightarrow{\mathrm{CE}} = \overrightarrow{\mathrm{OC}} + t(\overrightarrow{\mathrm{CO}} + \overrightarrow{\mathrm{OA}} + \overrightarrow{\mathrm{AE}})$

$= \boldsymbol{b} + t(\boldsymbol{a} + \boldsymbol{c} - \boldsymbol{b})$

1.36　(1) 求める直線の方向ベクトルは

$\boldsymbol{v} = \begin{pmatrix} 2 \\ 3 \\ 1 \end{pmatrix}$ であるから，

$$\frac{x-3}{2} = \frac{y-2}{3} = z - 1$$

(2) 与えられた 2 点を通る直線の方向ベクトルは $\boldsymbol{v} = \begin{pmatrix} -5 \\ 4 \\ -3 \end{pmatrix}$ であるから，

$$\frac{x-2}{-5} = \frac{y+3}{4} = \frac{z+1}{-3}$$

1.37　$\mathrm{AP}:\mathrm{PD} = s:(1-s)$, $\mathrm{CP}:\mathrm{PB} = t:(1-t)$ とすると，

$$\overrightarrow{\mathrm{OP}} = (1-s)\boldsymbol{a} + s \cdot \frac{1}{2}\boldsymbol{b},$$

$$\overrightarrow{\mathrm{OP}} = (1-t) \cdot \frac{3}{4}\boldsymbol{a} + t\boldsymbol{b}$$

となる．$\boldsymbol{a}$ と $\boldsymbol{b}$ は平行でないから，$1 - s = \frac{3}{4}(1-t)$, $\frac{1}{2}s = t$ が成り立つ．これを解いて，$s = \frac{2}{5}$, $t = \frac{1}{5}$ となる．よって，$\overrightarrow{\mathrm{OP}} = \frac{3}{5}\boldsymbol{a} + \frac{1}{5}\boldsymbol{b}$

1.38　(1) $\overrightarrow{\mathrm{OM}} = \overrightarrow{\mathrm{OB}} + \overrightarrow{\mathrm{BM}} = \boldsymbol{b} + \frac{1}{2}\boldsymbol{a}$,

$\overrightarrow{\mathrm{ON}} = \overrightarrow{\mathrm{OA}} + \overrightarrow{\mathrm{AN}} = \boldsymbol{a} + \frac{1}{2}\boldsymbol{b}$

(2) $\overrightarrow{\mathrm{OP}} = s\overrightarrow{\mathrm{OM}} = \frac{1}{2}s\boldsymbol{a} + s\boldsymbol{b}$

(3) $\overrightarrow{\mathrm{OP}} = t\overrightarrow{\mathrm{ON}} + (1-t)\overrightarrow{\mathrm{OB}}$

$= t\left(\boldsymbol{a} + \frac{1}{2}\boldsymbol{b}\right) + (1-t)\boldsymbol{b} = t\boldsymbol{a} + \left(1 - \frac{1}{2}t\right)\boldsymbol{b}$

(4) (2), (3) の結果から，$\frac{1}{2}s\boldsymbol{a} + s\boldsymbol{b}$

$= t\boldsymbol{a} + \left(1 - \frac{1}{2}t\right)\boldsymbol{b}$ である．$\boldsymbol{a}$ と $\boldsymbol{b}$ は平行でないので，$\frac{1}{2}s = t$, $s = 1 - \frac{1}{2}t$ が成り立つ．これを解いて，$s = \frac{4}{5}$, $t = \frac{2}{5}$ となる．

よって，$\overrightarrow{\mathrm{OP}} = \frac{2}{5}\boldsymbol{a} + \frac{4}{5}\boldsymbol{b}$

1.39　点 P が直線 AB 上にあるとすると，

$$\overrightarrow{\mathrm{OP}} = \overrightarrow{\mathrm{OA}} + t\overrightarrow{\mathrm{AB}} = \overrightarrow{\mathrm{OA}} + t(\overrightarrow{\mathrm{OB}} - \overrightarrow{\mathrm{OA}})$$
$$= (1-t)\overrightarrow{\mathrm{OA}} + t\overrightarrow{\mathrm{OB}}$$

となる実数 t がある．$a = 1 - t, b = t$ とおけば，(2) が成り立つ．

逆に，$\overrightarrow{\mathrm{OP}} = a\overrightarrow{\mathrm{OA}} + b\overrightarrow{\mathrm{OB}}$, $a + b = 1$ を満たす実数 a, b があるとすると，$b = t$ とおけば，$a = 1 - t$ であり，

$$\overrightarrow{\mathrm{OP}} = (1-t)\overrightarrow{\mathrm{OA}} + t\overrightarrow{\mathrm{OB}}$$
$$= \overrightarrow{\mathrm{OA}} + t(\overrightarrow{\mathrm{OB}} - \overrightarrow{\mathrm{OA}}) = \overrightarrow{\mathrm{OA}} + t\overrightarrow{\mathrm{AB}}$$

となり，点 P が直線 AB 上にあることがわかる．

1.40　水平方向を x 軸，鉛直方向を y 軸とすると，AB 方向への張力，AC 方向への張力，重力の成分表示は，それぞれ $T_1\begin{pmatrix} \cos\alpha \\ \sin\alpha \end{pmatrix}$, $T_2\begin{pmatrix} -\cos\beta \\ \sin\beta \end{pmatrix}$, $mg\begin{pmatrix} 0 \\ -1 \end{pmatrix}$ である．これら 3 つの力の合力は $\mathbf{0}$ であるから，

$$T_1\begin{pmatrix} \cos\alpha \\ \sin\alpha \end{pmatrix} + T_2\begin{pmatrix} -\cos\beta \\ \sin\beta \end{pmatrix} + mg\begin{pmatrix} 0 \\ -1 \end{pmatrix} = \begin{pmatrix} 0 \\ 0 \end{pmatrix}$$

となる．これを T_1, T_2 について解く．正弦についての加法定理 $\sin\alpha\cos\beta + \cos\alpha\sin\beta = \sin(\alpha+\beta)$ を使って，

$$T_1 = \frac{\cos\beta}{\sin(\alpha+\beta)}mg\,[N],$$

$$T_2 = \frac{\cos\alpha}{\sin(\alpha+\beta)}mg\,[N]$$

1.41　(1) $\overrightarrow{\mathrm{AC}} = 2\boldsymbol{a} + \boldsymbol{b}$, $\overrightarrow{\mathrm{AD}} = 2\boldsymbol{a} + 2\boldsymbol{b}$, $\overrightarrow{\mathrm{AE}} = \boldsymbol{a} + 2\boldsymbol{b}$

(2) $\overrightarrow{\mathrm{AP}} = \overrightarrow{\mathrm{AC}} + \frac{1}{2}\overrightarrow{\mathrm{CP}}$

$$= 2\boldsymbol{a} + \boldsymbol{b} + \frac{1}{2}\boldsymbol{b} = 2\boldsymbol{a} + \frac{3}{2}\boldsymbol{b},$$

$\overrightarrow{\mathrm{AQ}} = \overrightarrow{\mathrm{AF}} + \overrightarrow{\mathrm{FQ}} = \boldsymbol{b} + \frac{1}{2}(\boldsymbol{a} + \boldsymbol{b}) = \frac{1}{2}\boldsymbol{a} + \frac{3}{2}\boldsymbol{b}$

(3) $\mathrm{CR}:\mathrm{RQ}=s:(1-s)$ とすると，

$$\overrightarrow{\mathrm{AR}}=(1-s)\overrightarrow{\mathrm{AC}}+s\overrightarrow{\mathrm{AQ}}$$
$$=(1-s)(2\boldsymbol{a}+\boldsymbol{b})+s\left(\frac{1}{2}\boldsymbol{a}+\frac{3}{2}\boldsymbol{b}\right)$$
$$=\left(2-\frac{3}{2}s\right)\boldsymbol{a}+\left(1+\frac{1}{2}s\right)\boldsymbol{b}$$

同様にして，$\mathrm{FR}:\mathrm{RP}=t:(1-t)$ とすると，

$$\overrightarrow{\mathrm{AR}}=(1-t)\overrightarrow{\mathrm{AF}}+t\overrightarrow{\mathrm{AP}}$$
$$=(1-t)\boldsymbol{b}+t\left(2\boldsymbol{a}+\frac{3}{2}\boldsymbol{b}\right)$$
$$=2t\boldsymbol{a}+\left(1+\frac{1}{2}t\right)\boldsymbol{b}$$

$\boldsymbol{a}$ と $\boldsymbol{b}$ は平行でないので，$2-\frac{3}{2}s=2t$, $1+\frac{1}{2}s=1+\frac{1}{2}t$ となり，これを解いて，$s=t=\frac{4}{7}$ となる．よって，$\overrightarrow{\mathrm{AR}}=\frac{8}{7}\boldsymbol{a}+\frac{9}{7}\boldsymbol{b}$

(4) $\mathrm{CS}:\mathrm{SF}=s:(1-s)$, $\mathrm{AS}:\mathrm{SR}=t:(1-t)$ として，

$$\overrightarrow{\mathrm{AS}}=(1-s)\overrightarrow{\mathrm{AC}}+s\overrightarrow{\mathrm{AF}}$$
$$=(1-s)(2\boldsymbol{a}+\boldsymbol{b})+s\boldsymbol{b}=(2-2s)\boldsymbol{a}+\boldsymbol{b}$$
$$\overrightarrow{\mathrm{AS}}=t\overrightarrow{\mathrm{AR}}=\frac{8}{7}t\boldsymbol{a}+\frac{9}{7}t\boldsymbol{b}$$

となる．$\boldsymbol{a}$ と $\boldsymbol{b}$ は平行でないので，$2-2s=\frac{8}{7}t$, $1=\frac{9}{7}t$ となり，これを解いて

$s=\frac{5}{9}, t=\frac{7}{9}$ となる．よって，$\mathrm{CS}:\mathrm{SF}$ $=\frac{5}{9}:\frac{4}{9}=5:4$

1.42 (1) $\overrightarrow{\mathrm{OP}}=\frac{1}{2}\boldsymbol{a}+\frac{1}{2}\boldsymbol{b}$, $\overrightarrow{\mathrm{OQ}}=\frac{1}{4}\boldsymbol{a}+\frac{1}{4}\boldsymbol{b}+\frac{1}{2}\boldsymbol{c}$, $\overrightarrow{\mathrm{OR}}=\frac{1}{8}\boldsymbol{a}+\frac{1}{8}\boldsymbol{b}+\frac{1}{4}\boldsymbol{c}$

(2) $\overrightarrow{\mathrm{AS}}=t\overrightarrow{\mathrm{AR}}$ とすると，

$$\overrightarrow{\mathrm{OS}}=\overrightarrow{\mathrm{OA}}+\overrightarrow{\mathrm{AS}}$$
$$=\overrightarrow{\mathrm{OA}}+t\overrightarrow{\mathrm{AR}}$$
$$=\overrightarrow{\mathrm{OA}}+t(\overrightarrow{\mathrm{OR}}-\overrightarrow{\mathrm{OA}})$$
$$=(1-t)\overrightarrow{\mathrm{OA}}+t\overrightarrow{\mathrm{OR}}$$
$$=(1-t)\boldsymbol{a}+t\left(\frac{1}{8}\boldsymbol{a}+\frac{1}{8}\boldsymbol{b}+\frac{1}{4}\boldsymbol{c}\right)$$
$$=\frac{8-7t}{8}\boldsymbol{a}+\frac{t}{8}\boldsymbol{b}+\frac{t}{4}\boldsymbol{c}$$

となる．$\overrightarrow{\mathrm{OS}}$ は平面 OBC 上にあるので，$p\boldsymbol{b}+q\boldsymbol{c}$（$p$, q は実数）の形で表すことができる．したがって，$\frac{8-7t}{8}=0$ であるから，$t=\frac{8}{7}$ となる．よって，$\overrightarrow{\mathrm{OS}}=\frac{1}{7}\boldsymbol{b}+\frac{2}{7}\boldsymbol{c}$

(3) $\overrightarrow{\mathrm{OT}}=t\overrightarrow{\mathrm{OS}}$ とすると，$\overrightarrow{\mathrm{OT}}=\frac{t}{7}\boldsymbol{b}+\frac{2t}{7}\boldsymbol{c}$ となる．このベクトルが直線 BC 上にある条件は，$\frac{t}{7}+\frac{2t}{7}=1$ である．したがって，$t=\frac{7}{3}$ であるから，$\overrightarrow{\mathrm{OT}}=\frac{1}{3}\boldsymbol{b}+\frac{2}{3}\boldsymbol{c}$

(4) 点 Q は線分 PC の中点であり，点 T は線分 BC を 2 : 1 の比に内分する点である．したがって，三角形 PQT の面積は，三角形 PBC の面積の $\frac{1}{6}$ である．よって，$S_2=S_1\cdot\frac{1}{2}\cdot\frac{1}{6}=S_1\cdot\frac{1}{12}$ であるから，$S_1:S_2=12:1$

(5) 点 R は線分 OQ の中点であるから，四面体 RABC の体積 V_3 は四面体 OABC の体積 V_1 の $\frac{1}{2}$ である．よって，$V_2=V_3\times\frac{1}{12}=\left(V_1\times\frac{1}{2}\right)\times\frac{1}{12}=V_1\times\frac{1}{24}$ であるから，$V_1:V_2=24:1$

第 2 節　ベクトルと図形

2.1 (1) 5　(2) $-3\sqrt{2}$　(3) 0　(4) $\sqrt{6}$

2.2 (1) 8　(2) -8　(3) -8

2.3 $\boldsymbol{a}$ と $\boldsymbol{a}$ のなす角は 0 であるから，

$$\boldsymbol{a}\cdot\boldsymbol{a}=|\boldsymbol{a}|^2\cos 0=|\boldsymbol{a}|^2=a_1^2+a_2^2+a_3^2$$

2.4 (1) -1　(2) -9　(3) -10　(4) 15

2.5 (1) $\frac{\pi}{4}$　(2) π　(3) $\frac{\pi}{4}$　(4) $\frac{2\pi}{3}$

2.6 (1) 4　(2) 7　(3) $7\sqrt{3}$　(4) $5\sqrt{6}$

2.7 (1) $\boldsymbol{a}\cdot\boldsymbol{b}=3$，なす角は $\frac{\pi}{4}$

(2) $\boldsymbol{a}\cdot\boldsymbol{b}=-3$，なす角は $\frac{2\pi}{3}$

2.8 (1) -6　(2) ± 4　(3) 1　(4) ± 1

2.9 (1) $\pm\frac{1}{\sqrt{5}}\begin{pmatrix}2\\1\end{pmatrix}$　(2) $\pm\frac{1}{5}\begin{pmatrix}4\\3\end{pmatrix}$

2.10 (1) $x-y-5=0$　(2) $3x+y-12=0$

2.11 (1) $2x+y-z-5=0$

(2) $3x-2y+z+1=0$

2.12 (1) $(5,0,-1)$ (2) $(-2,2,-1)$

2.13 (1) $\dfrac{\sqrt{10}}{5}$ (2) $\sqrt{5}$ (3) $\dfrac{4}{3}$ (4) $\dfrac{\sqrt{6}}{3}$

2.14 (1) $\dfrac{x+2}{3}=\dfrac{y-4}{-2}=z-3$

(2) $\dfrac{x-2}{3}=\dfrac{y-1}{-2}=z+5$

(3) $4x-y-3z-9=0$

2.15 (1) $(x+2)^2+(y-3)^2=16$

(2) $(x-4)^2+(y+1)^2=1$

2.16 (1) $x^2+y^2+z^2=16$

(2) $(x-2)^2+(y-3)^2+(z+4)^2=4$

2.17 (1) $(x-3)^2+(y+4)^2=29$

(2) $(x-2)^2+(y-1)^2+(z+1)^2=17$

2.18 (1) 中心 $(-1,1,0)$，半径 2 の球面

(2) 中心 $(-2,3,-2)$，半径 4 の球面

(3) 中心 $\left(-\dfrac{3}{2},1,3\right)$，半径 $\dfrac{7}{2}$ の球面

2.19 各ベクトルのなす角を θ とする．

(1) $\mathrm{AB}=\mathrm{AF}=2,\ \theta=\dfrac{2\pi}{3}$ より，

$\overrightarrow{\mathrm{AB}}\cdot\overrightarrow{\mathrm{AF}}=-2$

(2) $\mathrm{AC}=\mathrm{AE}=2\sqrt{3},\ \theta=\dfrac{\pi}{3}$ より，

$\overrightarrow{\mathrm{AC}}\cdot\overrightarrow{\mathrm{AE}}=6$

(3) $\mathrm{BC}=2,\ \mathrm{FB}=2\sqrt{3},\ \theta=\dfrac{\pi}{2}$ より，

$\overrightarrow{\mathrm{BC}}\cdot\overrightarrow{\mathrm{FB}}=0$

(4) $\mathrm{AD}=4,\ \mathrm{EF}=2,\ \theta=\pi$ より，

$\overrightarrow{\mathrm{AD}}\cdot\overrightarrow{\mathrm{EF}}=-8$

2.20 (1) $|\boldsymbol{a}|^2=5$ から，$\boldsymbol{a}\cdot(\boldsymbol{a}-\boldsymbol{b})=|\boldsymbol{a}|^2-\boldsymbol{a}\cdot\boldsymbol{b}=5-\boldsymbol{a}\cdot\boldsymbol{b}=2$ である．よって，$\boldsymbol{a}\cdot\boldsymbol{b}=3$

(2) $\boldsymbol{b}=t\boldsymbol{a}$ とすると，$|\boldsymbol{a}-\boldsymbol{b}|=|(1-t)\boldsymbol{a}|=2|1-t|=3$ であるから，$t=-\dfrac{1}{2},\ \dfrac{5}{2}$．$\boldsymbol{a}\cdot\boldsymbol{b}=t|\boldsymbol{a}|^2=4t$ であるから，$\boldsymbol{a}\cdot\boldsymbol{b}=-2$ または $\boldsymbol{a}\cdot\boldsymbol{b}=10$ となる．

(3) $\boldsymbol{a},\ \boldsymbol{b}$ が作る平行四辺形の面積を S とすると，$S^2=|\boldsymbol{a}|^2|\boldsymbol{b}|^2-(\boldsymbol{a}\cdot\boldsymbol{b})^2$ であるから，$(\boldsymbol{a}\cdot\boldsymbol{b})^2=1$ となる．よって，$\boldsymbol{a}\cdot\boldsymbol{b}=\pm 1$

2.21 $|\boldsymbol{a}+\boldsymbol{b}|^2=|\boldsymbol{a}|^2+2\boldsymbol{a}\cdot\boldsymbol{b}+|\boldsymbol{b}|^2$ に条件を代入して，$\boldsymbol{a}\cdot\boldsymbol{b}=-4$ が得られる．よって，$S=\sqrt{|\boldsymbol{a}|^2|\boldsymbol{b}|^2-(\boldsymbol{a}\cdot\boldsymbol{b})^2}=2\sqrt{5}$

2.22 $|\boldsymbol{a}|=1,\ |\boldsymbol{b}|=1,\ \boldsymbol{a}\cdot\boldsymbol{b}=\dfrac{1}{2}$ であるから，

$$|\boldsymbol{a}+\boldsymbol{b}|^2=|\boldsymbol{a}|^2+2\boldsymbol{a}\cdot\boldsymbol{b}+|\boldsymbol{b}|^2=3,$$

$$|\boldsymbol{a}-2\boldsymbol{b}|^2=|\boldsymbol{a}|^2-4\boldsymbol{a}\cdot\boldsymbol{b}+4|\boldsymbol{b}|^2=3$$

である．よって，$|\boldsymbol{a}+\boldsymbol{b}|=|\boldsymbol{a}-2\boldsymbol{b}|=\sqrt{3}$ となる．また，

$(\boldsymbol{a}+\boldsymbol{b})\cdot(\boldsymbol{a}-2\boldsymbol{b})=|\boldsymbol{a}|^2-\boldsymbol{a}\cdot\boldsymbol{b}-2|\boldsymbol{b}|^2=-\dfrac{3}{2}$

である．よって，求める角を θ とすると，

$$\cos\theta=\frac{-\dfrac{3}{2}}{\sqrt{3}\cdot\sqrt{3}}=-\frac{1}{2}$$

から，$\theta=\dfrac{2\pi}{3}$

2.23 $|2\boldsymbol{a}-\boldsymbol{b}|^2=4|\boldsymbol{a}|^2-4\boldsymbol{a}\cdot\boldsymbol{b}+|\boldsymbol{b}|^2$
$=4\cdot 2^2-4\cdot 3+\sqrt{3}^2=7$ であるから，
$|2\boldsymbol{a}-\boldsymbol{b}|=\sqrt{7}$

2.24 (1) $\overrightarrow{\mathrm{AB}}=\begin{pmatrix}-3\\5\end{pmatrix},\ \overrightarrow{\mathrm{AC}}=\begin{pmatrix}-1\\k+1\end{pmatrix}$，

$\overrightarrow{\mathrm{AB}}\cdot\overrightarrow{\mathrm{AC}}=0$ から，$k=-\dfrac{8}{5}$

(2) $k\boldsymbol{a}+\boldsymbol{b}=\begin{pmatrix}k+2\\-k+3\end{pmatrix}$ を $(k\boldsymbol{a}+\boldsymbol{b})\cdot\boldsymbol{a}=0$ に代入して，$k=\dfrac{1}{2}$

2.25 (1) $\cos\theta=\dfrac{\overrightarrow{\mathrm{OA}}\cdot\overrightarrow{\mathrm{OB}}}{|\overrightarrow{\mathrm{OA}}||\overrightarrow{\mathrm{OB}}|}=\dfrac{-6+4}{\sqrt{10}\sqrt{20}}$

$=-\dfrac{\sqrt{2}}{10}$

(2) $\sin^2\theta=1-\left(-\dfrac{\sqrt{2}}{10}\right)^2=\dfrac{98}{100}$ から，

$\sin\theta=\dfrac{7\sqrt{2}}{10}$ となる．よって，求める面積は

$\dfrac{1}{2}|\overrightarrow{\mathrm{OA}}||\overrightarrow{\mathrm{OB}}|\sin\theta=7$

2.26 直線の法線ベクトルの 1 つを $\boldsymbol{n}$ とすると，求める単位ベクトルは $\pm\dfrac{1}{|\boldsymbol{n}|}\boldsymbol{n}$ である．

(1) $\boldsymbol{n}=\begin{pmatrix}2\\3\end{pmatrix}$ であるから，求める単位ベクトルは，$\pm\dfrac{1}{|\boldsymbol{n}|}\boldsymbol{n}=\pm\dfrac{1}{\sqrt{13}}\begin{pmatrix}2\\3\end{pmatrix}$

(2) 直線の方程式は $4x-3y+10=0$ である

から，$\boldsymbol{n} = \begin{pmatrix} 4 \\ -3 \end{pmatrix}$ である．よって，求める単位ベクトルは $\pm\dfrac{1}{|\boldsymbol{n}|}\boldsymbol{n} = \pm\dfrac{1}{5}\begin{pmatrix} 4 \\ -3 \end{pmatrix}$

2.27　平面の法線ベクトルの 1 つを $\boldsymbol{n}$ とすると，求める単位ベクトルは $\pm\dfrac{1}{|\boldsymbol{n}|}\boldsymbol{n}$ である．

(1) $\boldsymbol{n} = \begin{pmatrix} 2 \\ 2 \\ -1 \end{pmatrix}$ をとると，求める単位ベクトルは $\pm\dfrac{1}{|\boldsymbol{n}|}\boldsymbol{n} = \pm\dfrac{1}{3}\begin{pmatrix} 2 \\ 2 \\ -1 \end{pmatrix}$

(2) $\boldsymbol{n} = \begin{pmatrix} 3 \\ -4 \\ 0 \end{pmatrix}$ をとると，求める単位ベクトルは $\pm\dfrac{1}{|\boldsymbol{n}|}\boldsymbol{n} = \pm\dfrac{1}{5}\begin{pmatrix} 3 \\ -4 \\ 0 \end{pmatrix}$

(3) $\boldsymbol{n} = \begin{pmatrix} 0 \\ 0 \\ 1 \end{pmatrix}$ をとると，求める単位ベクトルは $\pm\dfrac{1}{|\boldsymbol{n}|}\boldsymbol{n} = \pm\begin{pmatrix} 0 \\ 0 \\ 1 \end{pmatrix}$

2.28　(1) 法線ベクトルが $\boldsymbol{n} = \begin{pmatrix} 4 \\ 3 \\ -1 \end{pmatrix}$ で，点 $(1, -1, 0)$ を通ることから，平面の方程式は $4x + 3y - z = 1$

(2) 法線ベクトルとして $\boldsymbol{n} = \begin{pmatrix} 1 \\ 2 \\ 3 \end{pmatrix}$ をとると，平面の方程式は，$(x-1) + 2(y-2) + 3(z-3) = 0$ から $x + 2y + 3z - 14 = 0$

(3) 求める平面の方程式は $2x - y - 2z + d = 0$ とおくことができる．点 $(1, 2, 3)$ と平面の距離が 1 であることから，$\dfrac{|-6+d|}{3} = 1$，したがって，$d = 9, 3$ である．よって，求める平面の方程式は，$2x - y - 2z + 9 = 0$，$2x - y - 2z + 3 = 0$ の 2 つ

(4) 求める平面の方程式を $ax + by + cz + d = 0$ とおく．法線ベクトル $\begin{pmatrix} a \\ b \\ c \end{pmatrix}$ は，xy 平面の法線ベクトル $\begin{pmatrix} 0 \\ 0 \\ 1 \end{pmatrix}$ と垂直であるから，$c = 0$ となる．また，2 点 $(1, 2, 0)$，$(0, 3, 4)$ を通ることから，$a + 2b + d = 0$, $3b + 4c + d = 0$ である．以上から，t を任意の実数として，$a = -t$, $b = -t$, $c = 0$, $d = 3t$ となる．$t = -1$ のとき，$a = 1, b = 1, c = 0, d = -3$ であるから，求める平面の方程式は $x + y - 3 = 0$

2.29　(1) 直線上の点を $\begin{cases} x = 3t + 1 \\ y = -2t - 2 \\ z = -t - 1 \end{cases}$ と表して，平面の方程式に代入すると，

$$(3t + 1) - (-2t - 2) + (-t - 1) - 10 = 0$$

となる．これを解いて，$t = 2$ となるので，交点の座標は $(7, -6, -3)$

(2) 直線上の点を $\begin{cases} x = 2t \\ y = 3t \\ z = 4t \end{cases}$ と表して，平面の方程式に代入すると，

$$4t = 2 \cdot 2t + 3 \cdot 3t + 9$$

となる．これを解いて，$t = -1$ となるので，交点の座標は $(-2, -3, -4)$

2.30　求める直線を ℓ' とおき，2 直線 ℓ, ℓ' の交点を B とする．点 B は直線 ℓ 上にあり，直線 ℓ は $\begin{cases} x = 2t + 1 \\ y = 3t - 1 \\ z = t + 2 \end{cases}$ と表すことができるので，$\mathrm{B}(2t + 1, 3t - 1, t + 2)$ とおくことができる．直線 ℓ の方向ベクトルは $\boldsymbol{v} = \begin{pmatrix} 2 \\ 3 \\ 1 \end{pmatrix}$ であり，$\boldsymbol{v}$ と $\overrightarrow{\mathrm{AB}} = \begin{pmatrix} 2t - 2 \\ 3t - 3 \\ t + 1 \end{pmatrix}$ は互いに垂直

である．したがって，

$$2(2t-2)+3(3t-3)+1(t+1)=0$$

となる．これから，$t=\dfrac{6}{7}$ であり，このとき $\overrightarrow{\mathrm{AB}}=\begin{pmatrix}-\frac{2}{7}\\-\frac{3}{7}\\\frac{13}{7}\end{pmatrix}=-\dfrac{1}{7}\begin{pmatrix}2\\3\\-13\end{pmatrix}$ となる．したがって，直線 ℓ' の方向ベクトルとして $\begin{pmatrix}2\\3\\-13\end{pmatrix}$ をとると，ℓ' の方程式は

$\dfrac{x-3}{2}=\dfrac{y-2}{3}=\dfrac{z-1}{-13}$

2.31 (1) 求める球面の半径を r とすると，$r^2=\mathrm{AB}^2=(-2)^2+1^2+(-2)^2=9$ であるから，求める方程式は $(x-3)^2+(y+1)^2+z^2=9$

(2) 球面と yz 平面の接点は $\mathrm{B}(0,2,3)$ であるから，求める球面の半径は $r=\mathrm{AB}=1$ となる．よって，求める方程式は

$(x-1)^2+(y-2)^2+(z-3)^2=1$

2.32 (1) 2 直線の方向ベクトル $\boldsymbol{a}=\begin{pmatrix}2\\2\\-1\end{pmatrix}$，$\boldsymbol{b}=\begin{pmatrix}4\\5\\3\end{pmatrix}$ のなす角を θ とすると，$\cos\theta=\dfrac{15}{\sqrt{9}\sqrt{50}}=\dfrac{1}{\sqrt{2}}$ となる．よって，$\theta=\dfrac{\pi}{4}$ であるから，2 直線のなす角は $\dfrac{\pi}{4}$

(2) 2 平面の法線ベクトル $\boldsymbol{a}=\begin{pmatrix}2\\3\\1\end{pmatrix}$，$\boldsymbol{b}=\begin{pmatrix}2\\-1\\-1\end{pmatrix}$ のなす角を θ とすると，$\cos\theta=\dfrac{0}{\sqrt{14}\sqrt{6}}=0$ となる．よって，$\theta=\dfrac{\pi}{2}$ であるから，2 平面のなす角は $\dfrac{\pi}{2}$

2.33 2 平面 α,β の法線ベクトルは，それぞれ $\boldsymbol{a}=\begin{pmatrix}2\\k\\1\end{pmatrix}$，$\boldsymbol{b}=\begin{pmatrix}2\\1\\-1\end{pmatrix}$ である．α と β が垂直に交わるのは $\boldsymbol{a}$ と $\boldsymbol{b}$ が垂直のときである．よって，$\boldsymbol{a}\cdot\boldsymbol{b}=0$ から $k=-3$

2.34 (1) 求める点を $(t-3,t+1,1-t)$ とおくと，2 点間の距離の公式から $(t-3)^2+(t+1)^2+(1-t)^2=(2\sqrt{2})^2$ となる．これを解くと，$(t-1)^2=0$ から $t=1$ となる．したがって，求める点は $(-2,2,0)$

(2) 求める点を $(t-1,t+1,1-t)$ とおくと，点と平面の距離の公式から $\dfrac{|-t-6|}{3}=1$ となる．これから，$t+6=\pm3$ となるので，$t=-3,-9$ である．よって，求める点は $(-4,-2,4),(-10,-8,10)$ の 2 つ

2.35 (1) 球面の方程式に $z=0$ を代入すると $(x-1)^2+(y-2)^2=7$ となるので，中心は $(1,2,0)$ で半径は $\sqrt{7}$

(2) 球面 $x^2+y^2+z^2=25$ を S とすると，S の中心は原点 O で半径は 5 である．平面 $5x+3y-4z=10\cdots$ ① を α，S と α が交わってできる円を C とし，C の中心を A とする．(1) の結果からわかるように，直線 OA は平面 α と直交する．直線 OA の媒介変数表示を $\begin{cases}x=5t\\y=3t\\z=-4t\end{cases}\cdots$ ② として，② を ① に代入すると，$t=\dfrac{1}{5}$ が得られる．これを ② に代入して，$\mathrm{A}\left(1,\dfrac{3}{5},-\dfrac{4}{5}\right)$ となる．

円 C 上の 1 点 B を任意にとると，$\triangle\mathrm{OAB}$ は $\angle\mathrm{OAB}=\dfrac{\pi}{2}$ の直角三角形であるから，$\mathrm{OA}^2+\mathrm{AB}^2=\mathrm{OB}^2$ が成り立つ．円の半径は AB であり，$\mathrm{OB}=5$，$\mathrm{OA}^2=1^2+\left(\dfrac{3}{5}\right)^2+\left(-\dfrac{4}{5}\right)^2=2$ であるから，

$$\mathrm{AB}=\sqrt{\mathrm{OB}^2-\mathrm{OA}^2}=\sqrt{5^2-2}=\sqrt{23}$$

となる．したがって，円 C の中心は $\left(1,\dfrac{3}{5},-\dfrac{4}{5}\right)$，半径は $\sqrt{23}$ である．

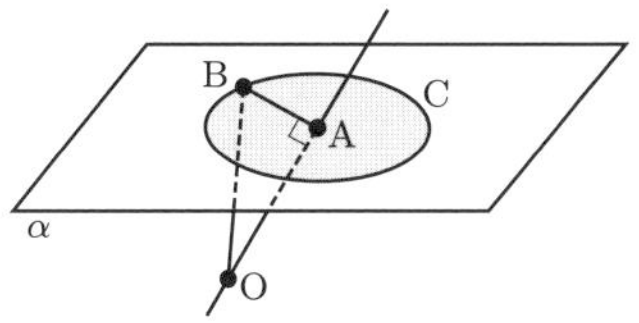

2.36　(1) 求める点を (x,y) とおくと，点と直線の距離の公式から，

$$\frac{|2x+y-3|}{\sqrt{5}}=\frac{|2x-4y+7|}{2\sqrt{5}}$$

が成り立つ．これより，$2|2x+y-3|=|2x-4y+7|$，したがって，

$$2(2x+y-3)=\pm(2x-4y+7)$$

が成り立つ．よって，求める軌跡は，2 つの直線 $2x+6y-13=0,\ 6x-2y+1=0$
(2) 球面上の点を (x,y,z) とし，定点 $(4,0,0)$ と結ぶ線分の中点を (X,Y,Z) とすると，$X=\dfrac{x+4}{2}$，$Y=\dfrac{y}{2}$，$Z=\dfrac{z}{2}$ から，$x=2X-4$，$y=2Y$，$z=2Z$ となる．これを $x^2+y^2+z^2=4$ に代入して，$(X-2)^2+Y^2+Z^2=1$ が得られる．したがって，求める軌跡は，中心 $(2,0,0)$，半径 1 の球面

2.37　点 A を通って直線 ℓ に垂直な平面の方程式は，$2(x-3)+3(y-10)+(z+1)=0$，すなわち，

$$2x+3y+z-35=0 \qquad \cdots①$$

である．一方，直線 ℓ の方程式を媒介変数で表すと，

$$\begin{cases} x=2t+2 \\ y=3t \\ z=t+3 \end{cases} \qquad \cdots②$$

である．②を①に代入して，

$$2(2t+2)+3\cdot 3t+(t+3)-35=0$$

であり，これを解いて $t=2$ を得る．したがって，$\mathrm{P}(6,6,5)$ であるから，線分 AP の長さは $\sqrt{(6-3)^2+(6-10)^2+(5+1)^2}=\sqrt{3^2+(-4)^2+6^2}=\sqrt{61}$

2.38　(1) $\boldsymbol{a}$ と $\boldsymbol{v}$ のなす角を θ とする．$\dfrac{\boldsymbol{v}}{|\boldsymbol{v}|}$ は $\boldsymbol{v}$ と同じ向きの単位ベクトルであるから，$\overrightarrow{\mathrm{OA}}\cdot\dfrac{\boldsymbol{v}}{|\boldsymbol{v}|}=|\overrightarrow{\mathrm{OA}}|\cos\theta$ が成り立つ．よって，

$$\boldsymbol{b}=\overrightarrow{\mathrm{OB}}=|\overrightarrow{\mathrm{OA}}|\cos\theta\frac{\boldsymbol{v}}{|\boldsymbol{v}|}$$

$$=\left(\overrightarrow{\mathrm{OA}}\cdot\frac{\boldsymbol{v}}{|\boldsymbol{v}|}\right)\frac{\boldsymbol{v}}{|\boldsymbol{v}|}=\frac{\boldsymbol{a}\cdot\boldsymbol{v}}{|\boldsymbol{v}|^2}\boldsymbol{v}$$

(2) 直線の方向ベクトルの 1 つは $\boldsymbol{v}=\begin{pmatrix}2\\1\end{pmatrix}$ である．
$\overrightarrow{\mathrm{OA}}=\boldsymbol{a}$ とおくと，求める正射影ベクトルは
$\dfrac{\boldsymbol{a}\cdot\boldsymbol{v}}{|\boldsymbol{v}|^2}\boldsymbol{v}=\dfrac{4}{5}\boldsymbol{v}=\dfrac{4}{5}\begin{pmatrix}2\\1\end{pmatrix}$

2.39　(1) $\overrightarrow{\mathrm{AB}}=k\boldsymbol{n}$ とすると，$\overrightarrow{\mathrm{OB}}=\overrightarrow{\mathrm{OA}}+\overrightarrow{\mathrm{AB}}=\boldsymbol{a}+k\boldsymbol{n}$ となる．$\overrightarrow{\mathrm{OB}}$ と $\boldsymbol{n}$ は直交するから，$\boldsymbol{b}\cdot\boldsymbol{n}=0$，よって，$(\boldsymbol{a}+k\boldsymbol{n})\cdot\boldsymbol{n}=0$ である．これから，$k=-\dfrac{\boldsymbol{a}\cdot\boldsymbol{n}}{|\boldsymbol{n}|^2}$ が得られるので，$\boldsymbol{b}=\boldsymbol{a}-\dfrac{\boldsymbol{a}\cdot\boldsymbol{n}}{|\boldsymbol{n}|^2}\boldsymbol{n}$

(2) $\boldsymbol{n}=\begin{pmatrix}1\\2\\3\end{pmatrix}$ であるから，求める正射影ベクトルは

$$\boldsymbol{b}=\boldsymbol{a}-\frac{\boldsymbol{a}\cdot\boldsymbol{n}}{|\boldsymbol{n}|^2}\boldsymbol{n}=\begin{pmatrix}2\\3\\4\end{pmatrix}-\frac{10}{7}\begin{pmatrix}1\\2\\3\end{pmatrix}$$

$$=\frac{1}{7}\begin{pmatrix}4\\1\\-2\end{pmatrix}$$

2.40　(1) $\boldsymbol{p}_1=\begin{pmatrix}2\\1\end{pmatrix}$，$\boldsymbol{p}_2=\begin{pmatrix}1\\3\end{pmatrix}$ とおき，例題 2.2 の手順 (a) から (d) によって求める．手順 (a) から $\boldsymbol{b}_1=\begin{pmatrix}1\\3\end{pmatrix}$ であり，手順 (b) から $\boldsymbol{b}_2=\begin{pmatrix}1\\3\end{pmatrix}-\sqrt{5}\cdot\begin{pmatrix}\dfrac{2}{\sqrt{5}}\\ \dfrac{1}{\sqrt{5}}\end{pmatrix}=\begin{pmatrix}-1\\2\end{pmatrix}$ である．

手順 (d) から $\boldsymbol{q}_1 = \begin{pmatrix} \frac{2}{\sqrt{5}} \\ \frac{1}{\sqrt{5}} \end{pmatrix}$, $\boldsymbol{q}_2 = \begin{pmatrix} -\frac{1}{\sqrt{5}} \\ \frac{2}{\sqrt{5}} \end{pmatrix}$

となる．

(2) $\boldsymbol{p}_1 = \begin{pmatrix} 1 \\ 1 \\ 1 \end{pmatrix}$, $\boldsymbol{p}_2 = \begin{pmatrix} 2 \\ 1 \\ 3 \end{pmatrix}$, $\boldsymbol{p}_3 = \begin{pmatrix} 3 \\ 1 \\ -1 \end{pmatrix}$

とおき，手順 (a) から (d) によって求める．

手順 (a) から $\boldsymbol{b}_1 = \begin{pmatrix} 1 \\ 1 \\ 1 \end{pmatrix}$ であり，手順 (b)

から

$$\boldsymbol{b}_2 = \begin{pmatrix} 2 \\ 1 \\ 3 \end{pmatrix} - \frac{6}{\sqrt{3}} \cdot \begin{pmatrix} \frac{1}{\sqrt{3}} \\ \frac{1}{\sqrt{3}} \\ \frac{1}{\sqrt{3}} \end{pmatrix} = \begin{pmatrix} 0 \\ -1 \\ 1 \end{pmatrix}$$

である．手順 (c) から

$$\boldsymbol{b}_3 = \begin{pmatrix} 3 \\ 1 \\ -1 \end{pmatrix} - \sqrt{3} \cdot \begin{pmatrix} \frac{1}{\sqrt{3}} \\ \frac{1}{\sqrt{3}} \\ \frac{1}{\sqrt{3}} \end{pmatrix}$$

$$+ \sqrt{2} \cdot \begin{pmatrix} 0 \\ -\frac{1}{\sqrt{2}} \\ \frac{1}{\sqrt{2}} \end{pmatrix} = \begin{pmatrix} 2 \\ -1 \\ -1 \end{pmatrix},$$

となる．手順 (d) から $\boldsymbol{q}_1 = \begin{pmatrix} \frac{1}{\sqrt{3}} \\ \frac{1}{\sqrt{3}} \\ \frac{1}{\sqrt{3}} \end{pmatrix}$,

$$\boldsymbol{q}_2 = \begin{pmatrix} 0 \\ -\frac{1}{\sqrt{2}} \\ \frac{1}{\sqrt{2}} \end{pmatrix}, \boldsymbol{q}_3 = \begin{pmatrix} \frac{2}{\sqrt{6}} \\ -\frac{1}{\sqrt{6}} \\ -\frac{1}{\sqrt{6}} \end{pmatrix}$$ となる．

2.41　(1) 重力の方向と物体の滑る方向のなす角は $\frac{\pi}{2} - \theta$ であるから，求める仕事は

$$mg \cdot l \cdot \cos\left(\frac{\pi}{2} - \theta\right) = mgl \sin\theta \,[\mathrm{J}]$$

(2) 抗力の方向と物体の滑る方向のなす角は $\frac{\pi}{2}$ であるから，求める仕事は $0\,[\mathrm{J}]$

(3) 摩擦力の方向と物体の滑る方向のなす角は π であるから，求める仕事は

$$\mu mg \cos\theta \cdot l \cdot \cos(\pi)$$
$$= -\mu mgl \cos\theta \,[\mathrm{J}]$$

2.42　$\boldsymbol{c} = (1-t)\begin{pmatrix} 1 \\ 1 \end{pmatrix} + t\begin{pmatrix} -1 \\ 2 \end{pmatrix} = \begin{pmatrix} 1-2t \\ 1+t \end{pmatrix}$ より，

$$|\boldsymbol{c}|^2 = (1-2t)^2 + (1+t)^2 = 5t^2 - 2t + 2$$
$$= 5\left(t - \frac{1}{5}\right)^2 + \frac{9}{5}$$

よって，$t = \frac{1}{5}$ のとき最小値 $\frac{3}{\sqrt{5}}$ をとる．このとき，

$$\boldsymbol{c} \cdot (\boldsymbol{b} - \boldsymbol{a}) = \begin{pmatrix} \frac{3}{5} \\ \frac{6}{5} \end{pmatrix} \cdot \begin{pmatrix} -2 \\ 1 \end{pmatrix}$$
$$= \frac{3}{5} \cdot (-2) + \frac{6}{5} \cdot 1 = 0$$

であるから，$\boldsymbol{c}$ と $\boldsymbol{b} - \boldsymbol{a}$ は直交する．

2.43　2 平面の法線ベクトルは，それぞれ

$\boldsymbol{n}_1 = \begin{pmatrix} 1 \\ 3 \\ -2 \end{pmatrix}$, $\boldsymbol{n}_2 = \begin{pmatrix} 2 \\ -1 \\ 3 \end{pmatrix}$ となる．$\boldsymbol{n}_1$ と $\boldsymbol{n}_2$ のなす角を θ とすると，

$$\cos\theta = \frac{\boldsymbol{n}_1 \cdot \boldsymbol{n}_2}{|\boldsymbol{n}_1||\boldsymbol{n}_2|} = \frac{-7}{14} = -\frac{1}{2}$$

である．したがって，求める角は $\frac{\pi}{3}$

2.44　(1) $|\boldsymbol{a}| = \sqrt{14}$, $|\boldsymbol{b}| = 3$, $\boldsymbol{a} \cdot \boldsymbol{b} = -6$ であるから，$\cos\theta = \frac{\boldsymbol{a} \cdot \boldsymbol{b}}{|\boldsymbol{a}||\boldsymbol{b}|} = -\frac{1}{7}\sqrt{14}$

(2) $S = \sqrt{|\boldsymbol{a}|^2|\boldsymbol{b}|^2 - (\boldsymbol{a} \cdot \boldsymbol{b})^2} = 3\sqrt{10}$

(3) 平面の方程式を $ax+by+cz+d=0$ とすると，点 A を通ることから，$a+4b+d=0$ である．また，$\boldsymbol{a}$ と $\boldsymbol{b}$ は平面の法線ベクトル $\boldsymbol{n}=\begin{pmatrix} a \\ b \\ c \end{pmatrix}$ に垂直であるから，$2a-3b+c=0$，$a+2b-2c=0$ が成り立つ．以上から，$a=-\dfrac{1}{6}d$，$b=-\dfrac{5}{24}d$，$c=-\dfrac{7}{24}d$ となる．$d=-24$ のとき，$a=4$，$b=5$，$c=7$ であるから，求める平面の方程式は，$4x+5y+7z=24$

2.45 (1) 平面 α の方程式を $ax+by+cz+d=0$ として，3 点 A, B, C の座標を代入すると，$\begin{cases} a+d=0 \\ 2b+d=0 \\ 3c+d=0 \end{cases}$ となる．$d=-6$ のとき，$a=6$, $b=3$, $c=2$ であるから，α の方程式は $6x+3y+2z-6=0$

(2) 平面 α の法線ベクトル $\boldsymbol{n}=\begin{pmatrix} 6 \\ 3 \\ 2 \end{pmatrix}$ は直線 ℓ の方向ベクトルである．したがって，直線 ℓ の方程式の媒介変数表示は $\begin{cases} x=6t \\ y=3t \\ z=2t \end{cases}$ $\cdots$①

である．①を α の方程式に代入して，$6\cdot 6t+3\cdot 3t+2\cdot 2t=6$ となり，よって，$t=\dfrac{6}{49}$ が得られる．したがって，求める交点の座標は，①から，$\left(\dfrac{36}{49}, \dfrac{18}{49}, \dfrac{12}{49}\right)$

(3) $\boldsymbol{a}=\overrightarrow{\mathrm{AB}}$, $\boldsymbol{b}=\overrightarrow{\mathrm{AC}}$ とおくと，

$\boldsymbol{a}=\begin{pmatrix} -1 \\ 2 \\ 0 \end{pmatrix}$，$\boldsymbol{b}=\begin{pmatrix} -1 \\ 0 \\ 3 \end{pmatrix}$ であるから，

$|\boldsymbol{a}|=\sqrt{5}$，$|\boldsymbol{b}|=\sqrt{10}$，$\boldsymbol{a}\cdot\boldsymbol{b}=1$ となる．$\overrightarrow{\mathrm{AB}}$ と $\overrightarrow{\mathrm{AC}}$ が作る平行四辺形の面積を S とすると，

$$S=\sqrt{|\boldsymbol{a}|^2|\boldsymbol{b}|^2-(\boldsymbol{a}\cdot\boldsymbol{b})^2}=7$$

である．三角形 ABC の面積はこの平行四辺形の面積の $\dfrac{1}{2}$ であるから，求める面積は $\dfrac{7}{2}$

2.46 (1) $\overrightarrow{\mathrm{PQ}}=\begin{pmatrix} -1 \\ 3 \\ 0 \end{pmatrix}$，$\overrightarrow{\mathrm{PR}}=\begin{pmatrix} 0 \\ 3 \\ -3 \end{pmatrix}$ であるから，$\overrightarrow{\mathrm{PQ}}$ と $\overrightarrow{\mathrm{PR}}$ のなす角を θ とすると

$$\cos\theta=\frac{\overrightarrow{\mathrm{PQ}}\cdot\overrightarrow{\mathrm{PR}}}{|\overrightarrow{\mathrm{PQ}}||\overrightarrow{\mathrm{PR}}|}=\frac{9}{\sqrt{10}\cdot 3\sqrt{2}}=\frac{3\sqrt{5}}{10}$$

となる．よって，求める三角形の面積は，

$$\begin{aligned} S&=\frac{1}{2}|\overrightarrow{\mathrm{PQ}}||\overrightarrow{\mathrm{PR}}|\sin\theta \\ &=\frac{1}{2}\sqrt{10}\cdot 3\sqrt{2}\cdot\frac{\sqrt{55}}{10}=\frac{3}{2}\sqrt{11} \end{aligned}$$

(2) 平面 α の方程式を $ax+by+cz+d=0$ とおくと，3 点 P, Q, R を通ることから，a, b, c, d は連立方程式 $2a-b+2c+d=0$，$a+2b+2c+d=0$，$2a+2b-c+d=0$ を満たす．これを解くと，$a=-\dfrac{3}{7}d$，$b=c=-\dfrac{1}{7}d$ となるので，平面 α の方程式は $3x+y+z-7=0$ である．よって，平面 α の法線ベクトルは $\boldsymbol{n}=\begin{pmatrix} 3 \\ 1 \\ 1 \end{pmatrix}$ であるから，点 S を通る直線の方程式は，$\dfrac{x+2}{3}=y-1=z-1$ である．

$\dfrac{x+2}{3}=y-1=z-1=t$ とすると，$x=3t-2$, $y=t+1$, $z=t+1$ であるから，平面 α の方程式に代入すると，$t=1$ となる．したがって，点 H の座標は $(1,2,2)$

(3) 三角錐の高さを h とすると，h は平面と点 S との距離である．$\overrightarrow{\mathrm{SH}}=\begin{pmatrix} 3 \\ 1 \\ 1 \end{pmatrix}$ であるから，$h=|\overrightarrow{\mathrm{SH}}|=\sqrt{11}$ である．したがって，求める三角錐の体積は，

$$\frac{1}{3}\cdot\frac{3}{2}\sqrt{11}\cdot\sqrt{11}=\frac{11}{2}$$

2.47 (1) 求める平面の方程式を $ax+by+cz+d=0$ とすると，3 点 A, B, C を通ることから，a, b, c, d は連立方程式 $a+2b-3c+d=0$，$-a+2b+3c+d=0$，$2a+b-2c+d=0$ を満たす．これを解くと，$a=-\dfrac{3}{8}d$，$b=$

$-\dfrac{1}{2}d$, $c=-\dfrac{1}{8}d$ となるので，求める平面の方程式は $3x+4y+z-8=0$

(2) 求める球面の方程式を $x^2+y^2+z^2+2ax+2by+2cz+d=0$ とする．原点を通るから $d=0$ であり，点 D を通るから $c=-4$ である．したがって，球面の方程式は $x^2+y^2+z^2+2ax+2by-8z=0$ となり，

$(x+a)^2+(y+b)^2+(z-4)^2=a^2+b^2+16$

と変形できるから，中心の座標は $\mathrm{M}(-a,-b,4)$ である．ここで，点 D は平面 P 上の点でもあるので，接点は D である．$\overrightarrow{\mathrm{MD}}=\begin{pmatrix}a\\b\\4\end{pmatrix}$ と

平面 P の法線ベクトル $\boldsymbol{n}=\begin{pmatrix}3\\4\\1\end{pmatrix}$ は平行で

あるから，$\overrightarrow{\mathrm{MD}}=k\boldsymbol{n}$（$k$ は実数）となる．したがって，$a=12, b=16$ となり，求める球面の方程式は $x^2+y^2+z^2+24x+32y-8z=0$

2.48　(1) α の方程式を $ax+by+cz+d=0$ とすると，3 点 A, B, C を通ることから，a, b, c, d は，$2b+d=0$, $a+3b+2c+d=0$, $2a-4b-2c+d=0$ を満たす．これを解くと，$a=-\dfrac{5}{6}d$, $b=-\dfrac{1}{2}d$, $c=\dfrac{2}{3}d$ となるので，α の方程式は $5x+3y-4z-6=0$

(2) β の方程式を $5x+3y-4z+k=0$ とすると，$\dfrac{|k|}{\sqrt{5^2+3^2+(-4)^2}}=\sqrt{2}$ であることから，$|k|=10$ となる．したがって，β の方程式は $5x+3y-4z+10=0$ と $5x+3y-4z-10=0$

(3) 求める円の中心を P，半径を r とする．まず，点 P の座標を求める．直線 OP の方程式は $x=5t$, $y=3t$, $z=-4t$ であるから，これを平面 α の方程式に代入して，$t=\dfrac{3}{25}$ となる．したがって，点 P の座標は $\left(\dfrac{3}{5},\dfrac{9}{25},-\dfrac{12}{25}\right)$ である．次に，r を求める．球面 S と平面 α の交点 Q を 1 つとると，$\mathrm{PQ}=r$ であり，$\mathrm{OP}^2+\mathrm{PQ}^2=\mathrm{OQ}^2$ が成り立つ．OP の長さは原点と平面 α の距離に等しいので，

$$\mathrm{OP}=\frac{3}{25}\sqrt{5^2+3^2+(-4)^2}=\frac{3\sqrt{2}}{5}$$

である．また，線分 OQ の長さは球面 S の半径に等しいので，$\mathrm{OQ}=\sqrt{2}$ である．したがって，

$$r^2=\sqrt{2}^2-\left(\frac{3\sqrt{2}}{5}\right)^2=\frac{32}{25}$$

から，$r=\dfrac{4\sqrt{2}}{5}$

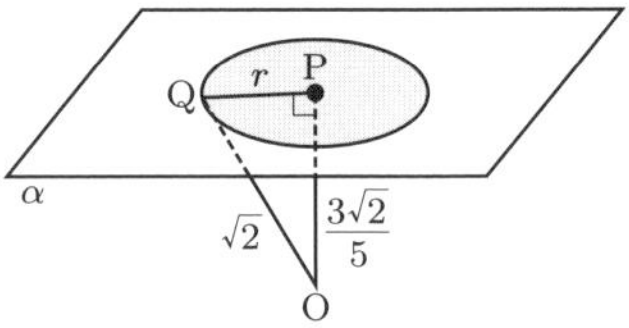

2.49　(1) $\overrightarrow{\mathrm{CD}}$ と 2 つのベクトル $\overrightarrow{\mathrm{OA}}$, $\overrightarrow{\mathrm{OB}}$ は直交しているので，$\boldsymbol{a}\cdot(\boldsymbol{c}-\boldsymbol{d})=0$ と $\boldsymbol{b}\cdot(\boldsymbol{c}-\boldsymbol{d})=0$ が成り立つ．

(2) $\begin{cases}\boldsymbol{a}\cdot(\boldsymbol{c}-x\boldsymbol{a}-y\boldsymbol{b}) &= 0\\ \boldsymbol{b}\cdot(\boldsymbol{c}-x\boldsymbol{a}-y\boldsymbol{b}) &= 0\end{cases}$ から

$\begin{cases}|\boldsymbol{a}|^2x+(\boldsymbol{a}\cdot\boldsymbol{b})y &= \boldsymbol{a}\cdot\boldsymbol{c}\\ (\boldsymbol{a}\cdot\boldsymbol{b})x+|\boldsymbol{b}|^2y &= \boldsymbol{b}\cdot\boldsymbol{c}\end{cases}$ が得られる．

$|\boldsymbol{a}|^2=|\boldsymbol{b}|^2=3$, $\boldsymbol{a}\cdot\boldsymbol{b}=-1$, $\boldsymbol{a}\cdot\boldsymbol{c}=2$, $\boldsymbol{b}\cdot\boldsymbol{c}=0$ であるから，$\begin{cases}3x-y &= 2\\ -x+3y &= 0\end{cases}$ と

なり，これを解いて $x=\dfrac{3}{4}$, $y=\dfrac{1}{4}$

(3) $\dfrac{3}{4}\begin{pmatrix}1\\-1\\1\end{pmatrix}+\dfrac{1}{4}\begin{pmatrix}1\\1\\-1\end{pmatrix}=\begin{pmatrix}1\\-\frac{1}{2}\\\frac{1}{2}\end{pmatrix}$

から，D の座標は $\left(1,-\dfrac{1}{2},\dfrac{1}{2}\right)$

第2章　行列と行列式

第3節　行列

3.1　(1) A：3×2 型，B：2×2 型，C：1×3 型

(2) $\begin{pmatrix}4 & 0\end{pmatrix}$　　(3) $\begin{pmatrix}-3\\6\end{pmatrix}$　　(4) 4

(5) 8　　(6) 6

3.2 (1) $\begin{pmatrix} 4 & 8 \\ 1 & 5 \end{pmatrix}$ (2) $\begin{pmatrix} 3 & 9 & -1 \\ 1 & -2 & 0 \end{pmatrix}$

(3) $\begin{pmatrix} 4 \\ -1 \end{pmatrix}$ (4) $\begin{pmatrix} -1 & 1 \\ 3 & 5 \end{pmatrix}$

3.3 $\begin{pmatrix} -17 & 2 \\ 28 & -10 \end{pmatrix}$

3.4 (1) 19 (2) $\begin{pmatrix} 3 \\ 2 \end{pmatrix}$ (3) $\begin{pmatrix} 22 & 6 \end{pmatrix}$

(4) $\begin{pmatrix} 1 & 6 \\ -9 & 34 \end{pmatrix}$ (5) $\begin{pmatrix} 2 & -3 & 21 \\ 2 & 0 & 10 \end{pmatrix}$

(6) $\begin{pmatrix} 1 & 6 \\ -3 & 3 \\ 2 & 6 \end{pmatrix}$

3.5 (1) $\begin{pmatrix} 3 & 9 \\ -13 & -19 \end{pmatrix}$ (2) $\begin{pmatrix} -7 & -13 \\ 17 & 23 \end{pmatrix}$

(3) $\begin{pmatrix} 13 & 15 \\ 33 & 51 \end{pmatrix}$

3.6 (1) $A^2 = \begin{pmatrix} 2 & 0 \\ 0 & 2 \end{pmatrix}$, $A^3 = \begin{pmatrix} 6 & -2 \\ 14 & -6 \end{pmatrix}$

(2) $A^2 = \begin{pmatrix} -3 & 6 \\ -6 & 12 \end{pmatrix}$, $A^3 = \begin{pmatrix} -9 & 18 \\ -18 & 36 \end{pmatrix}$

(3) $A^2 = \begin{pmatrix} 0 & 0 \\ 0 & 0 \end{pmatrix}$, $A^3 = \begin{pmatrix} 0 & 0 \\ 0 & 0 \end{pmatrix}$

3.7 (1) $\begin{pmatrix} 2 & 3 & -1 \\ -3 & 1 & 0 \end{pmatrix}$ (2) $\begin{pmatrix} 1 & -2 \\ -1 & 3 \end{pmatrix}$

(3) $\begin{pmatrix} 1 \\ -5 \\ 0 \\ 2 \end{pmatrix}$

3.8 (1) $\begin{pmatrix} -4 & -3 \\ 5 & 12 \end{pmatrix}$ (2) $\begin{pmatrix} 10 & 13 \\ 1 & -2 \end{pmatrix}$

(3) $\begin{pmatrix} -4 & -3 \\ 5 & 12 \end{pmatrix}$ (4) $-5x + 3y$

(5) 34 (6) $2x^2 + 2xy$

3.9 (1) 正則である. $\dfrac{1}{4}\begin{pmatrix} 8 & -4 \\ 7 & -3 \end{pmatrix}$

(2) 正則である. $\dfrac{1}{3}\begin{pmatrix} 2 & -1 \\ -5 & 4 \end{pmatrix}$

(3) 正則でない.

(4) 正則である. $\begin{pmatrix} \dfrac{\sqrt{3}}{2} & -\dfrac{1}{2} \\ \dfrac{1}{2} & \dfrac{\sqrt{3}}{2} \end{pmatrix}$

3.10 (1) $\dfrac{1}{22}\begin{pmatrix} -15 & -1 \\ 8 & 2 \end{pmatrix}$

(2) $\dfrac{1}{22}\begin{pmatrix} -3 & 13 \\ 4 & -10 \end{pmatrix}$ (3) $\dfrac{1}{22}\begin{pmatrix} -15 & -1 \\ 8 & 2 \end{pmatrix}$

3.11 (1) $x = 5,\ y = -4$

(2) $x = 3,\ y = -1$

(3) $x = 6,\ y = -4$

3.12 (1) $x = -2,\ y = 1$

(2) $x = \dfrac{13}{11},\ y = -\dfrac{7}{11}$

3.13 行列の成分を 1 つずつ求める.

(1) $\begin{pmatrix} 2 & 9 & 28 \\ 9 & 16 & 35 \\ 28 & 35 & 54 \end{pmatrix}$ (2) $\begin{pmatrix} 0 & -3 & -8 \\ 3 & 0 & -5 \\ 8 & 5 & 0 \end{pmatrix}$

(3) $\begin{pmatrix} 1 & 2 & 3 \\ \dfrac{1}{2} & 1 & \dfrac{3}{2} \\ \dfrac{1}{3} & \dfrac{2}{3} & 1 \end{pmatrix}$

3.14 (1) $X = \dfrac{1}{5}(-2A + 4B) = \begin{pmatrix} -8 & 2 \\ 4 & 4 \end{pmatrix}$

(2) $U = \dfrac{1}{2}(A + B) = \begin{pmatrix} -2 & 5 \\ 4 & 1 \end{pmatrix}$,

$V = \dfrac{1}{2}(A - B) = \begin{pmatrix} 6 & 0 \\ -2 & -3 \end{pmatrix}$

3.15 (1) $(A + B)^2 - (A - B)^2$

$$\begin{aligned} &= (A + B)(A + B) \\ &\quad -(A - B)(A - B) \\ &= (A^2 + AB + BA + B^2) \\ &\quad -(A^2 - AB - BA + B^2) \\ &= 2AB + 2BA \end{aligned}$$

(2) $(A + E)^2 - (A - E)^2$

$$\begin{aligned} &= (A + E)(A + E) - (A - E)(A - E) \\ &= (A^2 + AE + EA + E^2) \\ &\quad - (A^2 - AE - EA + E^2) \\ &= 2A + 2A = 4A \end{aligned}$$

3.16 (1) $A^2 = \begin{pmatrix} 1 & 1 \\ -3 & -2 \end{pmatrix}$, $A^3 = E$

(2) k を自然数とする．$n = 3k-2$ のとき，

$$A^n = A^{3k-2} = A^{3(k-1)+1} = A^{3(k-1)} \cdot A$$
$$= (A^3)^{k-1} \cdot A = E^{k-1} \cdot A = A$$

$n = 3k-1$ のとき，

$$A^n = A^{3k-1} = A^{3(k-1)+2} = A^{3(k-1)} \cdot A^2$$
$$= (A^3)^{k-1} \cdot A^2 = E^{k-1} \cdot A^2 = A^2$$

$n = 3k$ のとき，

$$A^n = A^{3k} = (A^3)^k = E^k = E$$

3.17 (1) 加法定理によって，

$$A(\alpha)A(\beta)$$
$$= \begin{pmatrix} \cos\alpha & 0 & -\sin\alpha \\ 0 & 1 & 0 \\ \sin\alpha & 0 & \cos\alpha \end{pmatrix}\begin{pmatrix} \cos\beta & 0 & -\sin\beta \\ 0 & 1 & 0 \\ \sin\beta & 0 & \cos\beta \end{pmatrix}$$
$$= \begin{pmatrix} \cos\alpha\cos\beta - \sin\alpha\sin\beta & 0 & -\sin\alpha\cos\beta - \cos\alpha\sin\beta \\ 0 & 1 & 0 \\ \sin\alpha\cos\beta + \cos\alpha\sin\beta & 0 & \cos\alpha\cos\beta - \sin\alpha\sin\beta \end{pmatrix}$$
$$= \begin{pmatrix} \cos(\alpha+\beta) & 0 & -\sin(\alpha+\beta) \\ 0 & 1 & 0 \\ \sin(\alpha+\beta) & 0 & \cos(\alpha+\beta) \end{pmatrix}$$
$$= A(\alpha+\beta)$$

(2) (1) の結果を繰り返すことにより，自然数 n について $\{A(\theta)\}^n = A(n\theta)$ が成り立つ．

$$X = \sqrt{2}\begin{pmatrix} \frac{1}{\sqrt{2}} & 0 & -\frac{1}{\sqrt{2}} \\ 0 & 1 & 0 \\ \frac{1}{\sqrt{2}} & 0 & \frac{1}{\sqrt{2}} \end{pmatrix}$$
$$= \sqrt{2}\begin{pmatrix} \cos\frac{\pi}{4} & 0 & -\sin\frac{\pi}{4} \\ 0 & 1 & 0 \\ \sin\frac{\pi}{4} & 0 & \cos\frac{\pi}{4} \end{pmatrix}$$
$$= \sqrt{2}A\left(\frac{\pi}{4}\right)$$

であるから，

$$X^{20} = \left\{\sqrt{2}A\left(\frac{\pi}{4}\right)\right\}^{20}$$
$$= 2^{10}A(5\pi) = 1024\begin{pmatrix} -1 & 0 & 0 \\ 0 & 1 & 0 \\ 0 & 0 & -1 \end{pmatrix}$$

3.18 ケイリー・ハミルトンの定理から，$A^2 - 7A + 10E = O$ が成り立つ．x^n を $x^2 - 7x + 10$ で割った商と余りをそれぞれ $Q(x)$, $ax+b$ とすると，

$$x^n = (x^2 - 7x + 10)Q(x) + ax + b$$

が成り立つ．$x = 2, 5$ を代入することにより，$\begin{cases} 2^n = 2a + b \\ 5^n = 5a + b \end{cases}$ となる．これを解いて，

$$\begin{cases} a = \dfrac{1}{3}(5^n - 2^n) \\ b = \dfrac{1}{3}(5 \cdot 2^n - 2 \cdot 5^n) \end{cases}$$

となる．したがって，求める余りは

$$\frac{1}{3}(5^n - 2^n)x + \frac{1}{3}(5 \cdot 2^n - 2 \cdot 5^n)$$

である．したがって，

$$A^n = (A^2 - 7A + 10E)Q(A) + aA + bE$$
$$= \frac{1}{3}\begin{pmatrix} 5^n + 2 \cdot 2^n & 5^n - 2^n \\ 2 \cdot 5^n - 2 \cdot 2^n & 2 \cdot 5^n + 2^n \end{pmatrix}$$

3.19 (1) A は正則であるから，逆行列 A^{-1} が存在する．このとき，

$${}^tA\,{}^t\!\left(A^{-1}\right) = {}^t\!\left(A^{-1}A\right) = {}^tE = E,$$
$${}^t\!\left(A^{-1}\right){}^tA = {}^t\!\left(AA^{-1}\right) = {}^tE = E$$

が成り立つので，${}^tA$ は正則で，逆行列は ${}^t\!\left(A^{-1}\right)$ である．

(2) (1) の結果から，${}^tA$ と ${}^tB$ は正則である．よって，${}^tA\,{}^tB$ は正則であり，

$$\left({}^tA\,{}^tB\right)^{-1} = \left({}^tB\right)^{-1}\left({}^tA\right)^{-1}$$
$$= {}^t\!\left(B^{-1}\right){}^t\!\left(A^{-1}\right)$$

3.20 (1) $|R(\theta)| = \cos^2\theta + \sin^2\theta = 1 \neq 0$ であるから，$R(\theta)$ は正則であり，

$$R(\theta)^{-1} = \frac{1}{1}\begin{pmatrix} \cos\theta & \sin\theta \\ -\sin\theta & \cos\theta \end{pmatrix}$$
$$= \begin{pmatrix} \cos(-\theta) & -\sin(-\theta) \\ \sin(-\theta) & \cos(-\theta) \end{pmatrix} = R(-\theta)$$

(2) 与えられた連立 1 次方程式を行列で表すと，

$$R(\theta)\begin{pmatrix} x \\ y \end{pmatrix} = \begin{pmatrix} \cos\alpha \\ \sin\alpha \end{pmatrix}$$

である．両辺の左から $R(\theta)$ の逆行列をかけると，(1) の結果から，

$$\begin{pmatrix} x \\ y \end{pmatrix} = R(-\theta)\begin{pmatrix} \cos\alpha \\ \sin\alpha \end{pmatrix}$$
$$= \begin{pmatrix} \cos\theta & \sin\theta \\ -\sin\theta & \cos\theta \end{pmatrix}\begin{pmatrix} \cos\alpha \\ \sin\alpha \end{pmatrix}$$

である．よって，連立方程式の解は

$$x = \cos\theta\cos\alpha + \sin\theta\sin\alpha,$$
$$y = -\sin\theta\cos\alpha + \cos\theta\sin\alpha$$

となる．なお，加法定理を用いると，この解は $x = \cos(\alpha - \theta)$, $y = \sin(\alpha - \theta)$ と表すことができる．

3.21 直接計算する．

(1) $AB = \begin{pmatrix} 8 & -4 \\ -15 & 10 \end{pmatrix}$,

$BA = \begin{pmatrix} 14 & 2 & -20 \\ -2 & 4 & 10 \\ -4 & -4 & 0 \end{pmatrix}$

(2) $\begin{pmatrix} 10 & 10 & -8 \\ 6 & 6 & -2 \\ 0 & -3 & -1 \end{pmatrix}$

3.22 (1) A と B は正則であるから，それぞれ逆行列をもつ．このとき，

$$(AB)(B^{-1}A^{-1}) = E,$$
$$(B^{-1}A^{-1})(AB) = E$$

が成り立つので，AB は正則である．

(2) $A^2 + AB = A(A+B)$ であり，条件から A と $A+B$ は正則である．よって，(1) の結果から，$A^2 + AB$ は正則である．

3.23 (1) $AP = \begin{pmatrix} 2a & 3b \\ 2c & 3d \end{pmatrix}$, $PA = \begin{pmatrix} 2a & 2b \\ 3c & 3d \end{pmatrix}$

であるから，求める条件は $b = c = 0$

(2) $AQ = \begin{pmatrix} b & a \\ d & c \end{pmatrix}$, $QA = \begin{pmatrix} c & d \\ a & b \end{pmatrix}$ であるから，求める条件は，$a = d$ かつ $b = c$

3.24 (1) $A^2 = (3 - 2m)E$

(2) (1) の結果から，$|A|^2 = |A^2| = (3 - 2m)^2$ であるから，$|A| = 0$ である条件は，$m = \dfrac{3}{2}$ である．したがって，A が正則でないのは，$m = \dfrac{3}{2}$ のとき

(3) $A^{-1} = A$ のとき $A^2 = E$ である．(1) の結果から，$3 - 2m = 1$ であり，これを解いて，$m = 1$

3.25 (1) $A^2 = \begin{pmatrix} 0 & 1 & 0 \\ 0 & 0 & 1 \\ 1 & 0 & 0 \end{pmatrix}$, $A^3 = \begin{pmatrix} 1 & 0 & 0 \\ 0 & 1 & 0 \\ 0 & 0 & 1 \end{pmatrix}$

(2) k を 0 以上の整数とする．(1) の結果から，A^3 は 3 次の単位行列であるから，

$n = 3k + 1$ のとき

$$A^n = (A^3)^k A = A = \begin{pmatrix} 0 & 0 & 1 \\ 1 & 0 & 0 \\ 0 & 1 & 0 \end{pmatrix},$$

$n = 3k + 2$ のとき

$$A^n = (A^3)^k A^2 = A^2 = \begin{pmatrix} 0 & 1 & 0 \\ 0 & 0 & 1 \\ 1 & 0 & 0 \end{pmatrix},$$

$n = 3k$ のとき $A^n = (A^3)^k = \begin{pmatrix} 1 & 0 & 0 \\ 0 & 1 & 0 \\ 0 & 0 & 1 \end{pmatrix}$

3.26 (1) $A^2 = \begin{pmatrix} 0 & 2 \\ -2 & 0 \end{pmatrix}$, $A^4 = (A^2)^2 = \begin{pmatrix} -4 & 0 \\ 0 & -4 \end{pmatrix}$, $A^8 = (A^4)^2 = \begin{pmatrix} 16 & 0 \\ 0 & 16 \end{pmatrix}$

(2) 0 以上の整数 n について，

$$\begin{pmatrix} a_{2n} \\ a_{2n+1} \end{pmatrix} = A^n \begin{pmatrix} a_0 \\ a_1 \end{pmatrix}$$ が成り立つので，

$$\begin{pmatrix} a_{16} \\ a_{17} \end{pmatrix} = A^8 \begin{pmatrix} a_0 \\ a_1 \end{pmatrix} = \begin{pmatrix} 16 & 0 \\ 0 & 16 \end{pmatrix} \begin{pmatrix} 0 \\ 1 \end{pmatrix} = \begin{pmatrix} 0 \\ 16 \end{pmatrix}$$

となる．よって，$a_{16} = 0$, $a_{17} = 16$

3.27　n に関する数学的帰納法で示す．

$n = 1$ のときは成り立つ．

$n = k$ のとき成り立つと仮定すると，

$$\begin{aligned} A^{k+1} &= \begin{pmatrix} 2^k & k2^{k-1} \\ 0 & 2^k \end{pmatrix} \begin{pmatrix} 2 & 1 \\ 0 & 2 \end{pmatrix} \\ &= \begin{pmatrix} 2^{k+1} & 2^k + k2^k \\ 0 & 2^{k+1} \end{pmatrix} \\ &= \begin{pmatrix} 2^{k+1} & (k+1)2^k \\ 0 & 2^{k+1} \end{pmatrix} \end{aligned}$$

となり，$n = k + 1$ のときも成り立つ．

以上のことから，すべての自然数 n について成り立つ．

3.28　(1) 両辺を計算して確かめる．

(2) n に関する数学的帰納法で示す．

$n = 2$ のとき，与式の両辺は A^2 となって成り立つ．

$n = k$ $(k \geqq 2)$ のとき成り立つと仮定すると，

$$\begin{aligned} A^{k+1} &= A^k A \\ &= (A^{k-2} + A^2 - E)A \\ &= A^{k-1} + A^3 - A \\ &= A^{k-1} + (A + A^2 - E) - A \\ &= A^{k-1} + A^2 - E \end{aligned}$$

となる．したがって，与式は $n = k + 1$ のときも成り立つ．以上のことから，すべての自然数 $n \geqq 2$ について成り立つ．

(3) (2) の結果を繰り返し用いることにより，0 以上の整数 n について，

$$A^{2n} = A^0 + n(A^2 - E) = nA^2 - (n-1)E$$

が成り立つ．したがって，

$$A^{100} = 50A^2 - 49E = \begin{pmatrix} 1 & 0 & 0 \\ 0 & 1 & 0 \\ 50 & 50 & 1 \end{pmatrix}$$

第 4 節　行列式

4.1　(1) -1　(2) 6　(3) 2　(4) 8

(5) 1　(6) 20　(7) 8　(8) -6

4.2　(1) $x = 1, y = 1, z = -1$

(2) $x = -3, y = 4, z = 5$

(3) $x = 26, y = 14, z = 17$

(4) $x = \dfrac{13}{2}, y = \dfrac{5}{2}, z = \dfrac{7}{2}$

4.3　(1) 1　(2) -1　(3) -1　(4) 1

4.4　(1) -9　(2) 30　(3) -24

4.5　(1) 12　(2) 3　(3) 10　(4) 14

4.6　(1) 仮定から，$|A||B| = |A|$ であるから，$|A|(|B| - 1) = 0$ となるので，$|A| = 0$ または $|B| = 1$ である．

(2) E を n 次単位行列とすると，

$$\begin{aligned} |A^{-1}BA| &= |A^{-1}||B||A| \\ &= |A^{-1}||A||B| = |A^{-1}A||B| \\ &= |E||B| = |B| \end{aligned}$$

4.7　(1) -4　(2) -6　(3) 24　(4) 16

4.8　(1) $\tilde{a}_{11} = 6, \tilde{a}_{12} = 8, \tilde{a}_{21} = -7, \tilde{a}_{22} = 4$

(2) $\tilde{a}_{12} = -11$, $\tilde{a}_{22} = 41$, $\tilde{a}_{23} = -54$, $\tilde{a}_{31} = 8$

4.9　(1) $-3 \cdot \begin{vmatrix} -2 & 4 \\ 2 & -3 \end{vmatrix} - 0 \cdot \begin{vmatrix} 5 & 4 \\ 1 & -3 \end{vmatrix} + 2 \cdot \begin{vmatrix} 5 & -2 \\ 1 & 2 \end{vmatrix} = 30$

(2) $-2 \cdot \begin{vmatrix} 3 & 1 & -2 \\ -2 & 3 & 1 \\ 1 & 2 & -1 \end{vmatrix} + (-2) \cdot \begin{vmatrix} 2 & -1 & 1 \\ -2 & 3 & 1 \\ 1 & 2 & -1 \end{vmatrix} - 1 \cdot \begin{vmatrix} 2 & -1 & 1 \\ 3 & 1 & -2 \\ 1 & 2 & -1 \end{vmatrix} + (-1) \cdot \begin{vmatrix} 2 & -1 & 1 \\ 3 & 1 & -2 \\ -2 & 3 & 1 \end{vmatrix} = 2$

4.10　(1) 正則であり，逆行列は

$$\frac{1}{3}\begin{pmatrix} 1 & 0 & 1 \\ -4 & -3 & -1 \\ -6 & -6 & -3 \end{pmatrix}$$

(2) 正則であり，逆行列は

$$\frac{1}{10}\begin{pmatrix} 11 & -1 & -19 \\ 3 & -3 & -7 \\ -1 & 1 & -1 \end{pmatrix}$$

4.11 (1) 7 (2) 30 (3) $\sqrt{5}$ (4) 18

4.12 (1) $\begin{pmatrix} -6 \\ 8 \\ 5 \end{pmatrix}$ (2) $\begin{pmatrix} -4 \\ 3 \\ 1 \end{pmatrix}$ (3) $\begin{pmatrix} -11 \\ 10 \\ 8 \end{pmatrix}$

4.13 (1) 20 (2) 5

4.14 行の基本変形によって，第 1 列を $\begin{pmatrix} 1 \\ 0 \\ 0 \\ 0 \end{pmatrix}$ と変形し，行列式の次数を下げて計算する．

(1) -12 (2) -12 (3) -6

4.15 (1) $|2A| = 2^4|A| = 2^4 \cdot 3 = 48$

(2) $|-A| = (-1)^3|A| = 3$ であるから，$|A| = -3$

4.16 (1) $\begin{vmatrix} 4-x & 5 \\ 3 & 2-x \end{vmatrix} = (x+1)(x-7)$ であるから，$x = -1,\ 7$

(2) $\begin{vmatrix} 1-x & 1 & 1 \\ 0 & -x & 1 \\ 2 & 0 & -1-x \end{vmatrix}$

$= -(x+1)^2(x-2)$ であるから，$x = -1, 2$

4.17 (1) $\begin{vmatrix} a & a & b+c \\ b & c+a & b \\ a+b & c & c \end{vmatrix}$

$= \begin{vmatrix} a & a & b+c \\ b & c+a & b \\ 0 & -2a & -2b \end{vmatrix}$

[第 3 行から第 1 行と第 2 行を引いた]

$= -2\begin{vmatrix} a & a & b+c \\ b & c+a & b \\ 0 & a & b \end{vmatrix}$

$= -2\begin{vmatrix} a & 0 & c \\ b & c & 0 \\ 0 & a & b \end{vmatrix}$

[第 1 行と第 2 行から第 3 行を引いた]

$= -2 \cdot 2abc = -4abc$

(2) $\begin{vmatrix} 1+ax & 1+ay & 1+az \\ 1+bx & 1+by & 1+bz \\ 1+cx & 1+cy & 1+cz \end{vmatrix}$

$= \begin{vmatrix} (a-c)x & (a-c)y & (a-c)z \\ (b-c)x & (b-c)y & (b-c)z \\ 1+cx & 1+cy & 1+cz \end{vmatrix}$

[第 1 行と第 2 行から第 3 行を引いた]

$= (a-c)(b-c)\begin{vmatrix} x & y & z \\ x & y & z \\ 1+cx & 1+cy & 1+cz \end{vmatrix}$

$= 0$ [第 1 行と第 2 行が等しい]

4.18 (1) $\begin{vmatrix} 1 & 1 & 1 \\ a & a^2 & a^3 \\ b & b^2 & b^3 \end{vmatrix}$

$= ab\begin{vmatrix} 1 & 1 & 1 \\ 1 & a & a^2 \\ 1 & b & b^2 \end{vmatrix}$

[第 2 行から a，第 3 行から b をくくり出した]

$= ab\begin{vmatrix} 1 & 1 & 1 \\ 0 & a-1 & (a-1)(a+1) \\ 0 & b-1 & (b-1)(b+1) \end{vmatrix}$

[第 2 行と第 3 行から第 1 行を引いた]

$= ab\begin{vmatrix} a-1 & (a-1)(a+1) \\ b-1 & (b-1)(b+1) \end{vmatrix}$

[まとめ 4.6]

$= ab(a-1)(b-1)\begin{vmatrix} 1 & a+1 \\ 1 & b+1 \end{vmatrix}$

[第 1 行から $a-1$，第 2 行から $b-1$ をくくり出した]

$= ab(a-1)(b-1)(b-a)$

(2) $\begin{vmatrix} a-2 & 1 & 1 \\ 1 & a-2 & 1 \\ 1 & 1 & a-2 \end{vmatrix}$

$$= \begin{vmatrix} a & a & a \\ 1 & a-2 & 1 \\ 1 & 1 & a-2 \end{vmatrix}$$

[第 2 行と第 3 行を第 1 行に加えた]

$$= a\begin{vmatrix} 1 & 1 & 1 \\ 1 & a-2 & 1 \\ 1 & 1 & a-2 \end{vmatrix}$$

[第 1 行から a をくくり出した]

$$= a\begin{vmatrix} 1 & 1 & 1 \\ 0 & a-3 & 0 \\ 0 & 0 & a-3 \end{vmatrix}$$

$$= a(a-3)^2$$

(3) $$\begin{vmatrix} a & a & a & a \\ a & b & a & a \\ a & a & b & a \\ a & a & a & b \end{vmatrix} = \begin{vmatrix} a & a & a & a \\ 0 & b-a & 0 & 0 \\ 0 & 0 & b-a & 0 \\ 0 & 0 & 0 & b-a \end{vmatrix}$$

[第 2〜4 行から第 1 行を引いた]

$$= a(b-a)^3$$

(4)

$$\begin{vmatrix} a & a & b & a \\ b & b & b & a \\ b & a & a & a \\ b & a & b & b \end{vmatrix} = \begin{vmatrix} a-b & 0 & 0 & a-b \\ 0 & b-a & 0 & a-b \\ 0 & 0 & a-b & a-b \\ b & a & b & b \end{vmatrix}$$

[第 1〜3 行から第 4 行を引いた]

$$= (a-b)^3\begin{vmatrix} 1 & 0 & 0 & 1 \\ 0 & -1 & 0 & 1 \\ 0 & 0 & 1 & 1 \\ b & a & b & b \end{vmatrix}$$

[第 1〜3 行から $a-b$ をくくり出した]

$$= (a-b)^3\begin{vmatrix} 1 & 0 & 0 & 1 \\ 0 & -1 & 0 & 1 \\ 0 & 0 & 1 & 1 \\ 0 & a & b & 0 \end{vmatrix}$$

[第 4 行から第 1 行の b 倍を引いた]

$$= (a-b)^3\begin{vmatrix} -1 & 0 & 1 \\ 0 & 1 & 1 \\ a & b & 0 \end{vmatrix}$$

$$= (a-b)^3(-a+b)$$

$$= -(a-b)^4$$

4.19　(1) $|A|$ を行列式の定義から求めたとき，a^4 の項が現れるのは，A の対角成分ばかりをかけたときだけである．したがって，係数は 1 である．

(2) $(a^2+b^2+c^2+d^2)E$ （ただし，E は 4 次の単位行列）

(3) $|A^tA| = |A|^2 = (a^2+b^2+c^2+d^2)^4$ であるから，$|A| = \pm(a^2+b^2+c^2+d^2)^2$ となる．$|A|$ の a^4 の項の係数が 1 であることから，$|A| = (a^2+b^2+c^2+d^2)^2$

4.20　$|A| = -4$ であるから正則である．

$\tilde{a}_{32} = -\begin{vmatrix} 0 & -1 & 1 \\ -1 & -2 & 1 \\ -2 & 0 & 2 \end{vmatrix} = 4$ であるから，

$(2,3)$ 成分の値は $\dfrac{4}{-4} = -1$

4.21　(1) 与式は，$bx - ay = 0 \cdots$ ① とかくことができる．$a = b = 0$ ではないので，① は直線の方程式であることがわかる．①は $(x,y) = (0,0)$ と $(x,y) = (a,b)$ を代入しても成り立つので，原点 O と点 A を通る直線である．

(2) 3 点 O, A, B が同一直線上にないならば，$\overrightarrow{\mathrm{OA}}$, $\overrightarrow{\mathrm{OB}}$ が作る平行四辺形の面積 S は 0 でない．

$$S = \sqrt{\begin{vmatrix} a_2 & b_2 \\ a_3 & b_3 \end{vmatrix}^2 + \begin{vmatrix} a_1 & b_1 \\ a_3 & b_3 \end{vmatrix}^2 + \begin{vmatrix} a_1 & b_1 \\ a_2 & b_2 \end{vmatrix}^2}$$

（まとめ 4.18）であるから，3 つの行列式 $\begin{vmatrix} a_2 & b_2 \\ a_3 & b_3 \end{vmatrix}$, $\begin{vmatrix} a_1 & b_1 \\ a_3 & b_3 \end{vmatrix}$, $\begin{vmatrix} a_1 & b_1 \\ a_2 & b_2 \end{vmatrix}$ のうち，少なくとも 1 つは 0 でない．

(3) 与式の左辺を第 1 列について展開すると，

$$\begin{vmatrix} a_2 & b_2 \\ a_3 & b_3 \end{vmatrix} x - \begin{vmatrix} a_1 & b_1 \\ a_3 & b_3 \end{vmatrix} y + \begin{vmatrix} a_1 & b_1 \\ a_2 & b_2 \end{vmatrix} z = 0 \cdots ②$$

となる．3 点 O, A, B は同一直線上にないので，$\begin{vmatrix} a_2 & b_2 \\ a_3 & b_3 \end{vmatrix}$，$\begin{vmatrix} a_1 & b_1 \\ a_3 & b_3 \end{vmatrix}$，$\begin{vmatrix} a_1 & b_1 \\ a_2 & b_2 \end{vmatrix}$ の少なくとも 1 つは 0 でない．よって，②は平面の方程式である．一方，与式は，$(x, y, z) = (0, 0, 0)$, $(a_1, a_2, a_3), (b_1, b_2, b_3)$ を代入しても成り立つ．したがって，②は 3 点 O, A, B を通る平面の方程式である．

4.22 $\overrightarrow{\mathrm{AB}}$, $\overrightarrow{\mathrm{AC}}$ が作る平行四角形の面積を S とすると，$|\overrightarrow{\mathrm{AB}}\ \ \overrightarrow{\mathrm{AC}}| = \begin{vmatrix} 10 & 5 \\ 4 & 10 \end{vmatrix} = 80$ より，$S = 80$ である．よって，$\triangle\mathrm{ABC}$ の面積は $\dfrac{1}{2}S = 40$

4.23 (1) $\overrightarrow{\mathrm{AB}} = \begin{pmatrix} -1 \\ 2 \\ 0 \end{pmatrix}$, $\overrightarrow{\mathrm{AC}} = \begin{pmatrix} -1 \\ 0 \\ 3 \end{pmatrix}$ であるから，$\overrightarrow{\mathrm{AB}} \times \overrightarrow{\mathrm{AC}} = \begin{pmatrix} 6 \\ 3 \\ 2 \end{pmatrix}$ である．よって，求める平面の法線ベクトルとして $\boldsymbol{n} = \begin{pmatrix} 6 \\ 3 \\ 2 \end{pmatrix}$ をとることができる．したがって，求める平面の方程式は，$6(x-1)+3(y-0)+2(z-0) = 0$ から，$6x+3y+2z-6 = 0$

(2) $\overrightarrow{\mathrm{AB}} = \begin{pmatrix} 2 \\ -1 \\ -1 \end{pmatrix}$, $\overrightarrow{\mathrm{AC}} = \begin{pmatrix} -2 \\ -3 \\ 4 \end{pmatrix}$ であるから，$\overrightarrow{\mathrm{AB}} \times \overrightarrow{\mathrm{AC}} = \begin{pmatrix} -7 \\ -6 \\ -8 \end{pmatrix}$ である．よって，求める平面の法線ベクトルとして $\boldsymbol{n} = \begin{pmatrix} 7 \\ 6 \\ 8 \end{pmatrix}$ をとることができる．したがって，求める平面の方程式は，$7(x-1)+6(y-2)+8(z+1) = 0$ から，$7x+6y+8z-11 = 0$

4.24 (1) 四面体の底面 ABC の面積は，平行六面体の底面（$\overrightarrow{\mathrm{AB}}$, $\overrightarrow{\mathrm{AC}}$ が作る平行四辺形）の面積の $\dfrac{1}{2}$ であり，2 つの立体の高さは等しいので，$\dfrac{T}{S} = \dfrac{1}{2} \cdot \dfrac{1}{3} = \dfrac{1}{6}$

(2) $\overrightarrow{\mathrm{AB}} = \begin{pmatrix} 3 \\ 0 \\ -1 \end{pmatrix}$, $\overrightarrow{\mathrm{AC}} = \begin{pmatrix} -2 \\ 1 \\ 1 \end{pmatrix}$, $\overrightarrow{\mathrm{AD}} = \begin{pmatrix} -3 \\ -1 \\ -2 \end{pmatrix}$ であり，$\begin{vmatrix} 3 & -2 & -3 \\ 0 & 1 & -1 \\ -1 & 1 & -2 \end{vmatrix} = -8$ であることから，$S = |-8| = 8$ である．よって，$T = \dfrac{1}{6} \cdot 8 = \dfrac{4}{3}$

4.25 (1) 第 3 行について展開すると，

$$\begin{vmatrix} x-1 & 2x & 2x \\ 2 & 1-x & 2 \\ 0 & 0 & -1-x \end{vmatrix}$$

$$= -(x+1)\begin{vmatrix} x-1 & 2x \\ 2 & 1-x \end{vmatrix} = (x+1)^3$$

となる．したがって，$x = -1$

(2) $$\begin{vmatrix} 0 & -1 & x & 2 \\ 1 & 0 & -3 & 4 \\ -x & 3 & 0 & -5 \\ -2 & -4 & 5 & 0 \end{vmatrix}$$

[第 1 行と第 2 行を交換した]

$$= -\begin{vmatrix} 1 & 0 & -3 & 4 \\ 0 & -1 & x & 2 \\ -x & 3 & 0 & -5 \\ -2 & -4 & 5 & 0 \end{vmatrix}$$

$$= -\begin{vmatrix} 1 & 0 & -3 & 4 \\ 0 & -1 & x & 2 \\ 0 & 3 & -3x & 4x-5 \\ 0 & -4 & -1 & 8 \end{vmatrix}$$

[まとめ 4.6]

$$= -\begin{vmatrix} -1 & x & 2 \\ 3 & -3x & 4x-5 \\ -4 & -1 & 8 \end{vmatrix}$$

$$= -\begin{vmatrix} -1 & x & 2 \\ 0 & 0 & 4x+1 \\ 0 & -1-4x & 0 \end{vmatrix}$$

[まとめ 4.6]

$$= (4x+1)^2$$

となる．したがって，$x = -\dfrac{1}{4}$

4.26

$$\begin{vmatrix} 1 & 1 & 1 & 1 \\ 2 & x & x & x \\ 3 & 2 & y & y \\ 4 & 3 & 2 & z \end{vmatrix} = \begin{vmatrix} 1 & 1 & 1 & 1 \\ 0 & x-2 & x-2 & x-2 \\ 0 & -1 & y-3 & y-3 \\ 0 & -1 & -2 & z-4 \end{vmatrix}$$

[まとめ 4.6]

$$= (x-2)\begin{vmatrix} 1 & 1 & 1 \\ -1 & y-3 & y-3 \\ -1 & -2 & z-4 \end{vmatrix}$$

[まとめ 4.6]

$$= (x-2)\begin{vmatrix} 1 & 1 & 1 \\ 0 & y-2 & y-2 \\ 0 & -1 & z-3 \end{vmatrix}$$

$$= (x-2)(y-2)\begin{vmatrix} 1 & 1 \\ -1 & z-3 \end{vmatrix}$$

$$= (x-2)(y-2)(z-2)$$

4.27　(1) $|E-A|$

$$= \begin{vmatrix} 10a+2 & -13a+26 & 30a \\ 0 & 2 & 0 \\ -4a & 7a-24 & -12a+2 \end{vmatrix}$$

$$= 2\begin{vmatrix} 10a+2 & 30a \\ -4a & -12a+2 \end{vmatrix}$$

[第 2 行について展開した]

$$= 8(1-a)$$

(2) $|tE-A|$

$$= \begin{vmatrix} t+10a+1 & -13a+26 & 30a \\ 0 & t+1 & 0 \\ -4a & 7a-24 & t-12a+1 \end{vmatrix}$$

$$= (t+1)\begin{vmatrix} t+10a+1 & 30a \\ -4a & t-12a+1 \end{vmatrix}$$

[第 2 行について展開した]

$$= (t+1)^2(t-2a+1)$$

であるから，$|tE-A| = 0$ の解は，$t = -1, 2a-1$ となる．したがって，求める範囲は $a < \dfrac{1}{2}$

4.28　$\boldsymbol{a} \times \boldsymbol{b} = \begin{pmatrix} 1 \\ -3 \\ -5 \end{pmatrix}$ であるから，

$$\boldsymbol{n} = \pm\frac{\boldsymbol{a}\times\boldsymbol{b}}{|\boldsymbol{a}\times\boldsymbol{b}|} = \pm\frac{1}{\sqrt{35}}\begin{pmatrix} 1 \\ -3 \\ -5 \end{pmatrix}$$

4.29　(1) 外積の定義から，$\begin{pmatrix} 7 \\ -5 \\ -3 \end{pmatrix}$

(2) 外積の性質から，求める面積は

$$|\boldsymbol{a}\times\boldsymbol{b}| = \sqrt{7^2+(-5)^2+(-3)^2} = \sqrt{83}$$

4.30　(1) $\boldsymbol{a}\cdot(\boldsymbol{b}\times\boldsymbol{c}) = a_1\begin{vmatrix} b_2 & c_2 \\ b_3 & c_3 \end{vmatrix} - a_2\begin{vmatrix} b_1 & c_1 \\ b_3 & c_3 \end{vmatrix}$

$+a_3\begin{vmatrix} b_1 & c_1 \\ b_2 & c_2 \end{vmatrix}$ であり，これは行列式 $\begin{vmatrix} a_1 & b_1 & c_1 \\ a_2 & b_2 & c_2 \\ a_3 & b_3 & c_3 \end{vmatrix}$

を第 1 列について展開したものに等しい．

(2) (1) の結果から，

$$\boldsymbol{a}\cdot(\boldsymbol{a}\times\boldsymbol{b}) = \begin{vmatrix} a_1 & a_1 & b_1 \\ a_2 & a_2 & b_2 \\ a_3 & a_3 & b_3 \end{vmatrix} = 0,$$

$$\boldsymbol{b}\cdot(\boldsymbol{a}\times\boldsymbol{b}) = \begin{vmatrix} b_1 & a_1 & b_1 \\ b_2 & a_2 & b_2 \\ b_3 & a_3 & b_3 \end{vmatrix} = 0$$

である．したがって，

$$(\boldsymbol{a}+\boldsymbol{b})\cdot(\boldsymbol{a}\times\boldsymbol{b}) = \boldsymbol{a}\cdot(\boldsymbol{a}\times\boldsymbol{b}) + \boldsymbol{b}\cdot(\boldsymbol{a}\times\boldsymbol{b}) = 0$$

となり，$\boldsymbol{a}+\boldsymbol{b}$ と $\boldsymbol{a}\times\boldsymbol{b}$ は直交する．

第 5 節　基本変形とその応用

5.1　(1) $x = -2, y = 1$　　(2) $x = 2, y = 5$

(3) $x = -4,\ y = 1,\ z = 2$

(4) $x = 2,\ y = 1,\ z = -1$

(5) $x = 6,\ y = 1,\ z = -2$

(6) $x = 7,\ y = -6, z = 5$

5.2 (1) $\begin{pmatrix} 21 & -5 \\ -4 & 1 \end{pmatrix}$ (2) $\dfrac{1}{5}\begin{pmatrix} 6 & -1 \\ -7 & 2 \end{pmatrix}$

(3) $\begin{pmatrix} -2 & -3 & 1 \\ -3 & -5 & 2 \\ -3 & -3 & 1 \end{pmatrix}$ (4) $\dfrac{1}{2}\begin{pmatrix} 1 & -1 & 1 \\ 1 & 0 & -2 \\ -2 & 1 & 3 \end{pmatrix}$

5.3 (1) 3 (2) 2 (3) 3 (4) 3

5.4 t を任意の実数とする．

(1) 解はない．

(2) $x = -3t + 2,\ y = -2t + 3,\ z = t$

(3) $x = -3t - 1, y = -4t + 2, z = t$

(4) 解はない．

5.5 t を任意の実数とする．

(1) $x = -5t, y = -2t, z = t$

(2) $x = -t, y = 2t, z = t$

(3) $x = 3t, y = -t, z = t$

5.6 (1) 線形従属 $\boldsymbol{a}_1 = \dfrac{2}{7}\boldsymbol{a}_2 + \dfrac{1}{7}\boldsymbol{a}_3$

(2) 線形独立

(3) 線形従属 $\boldsymbol{a}_1 = 3\boldsymbol{a}_2 - 2\boldsymbol{a}_3$

5.7 拡大係数行列に行の基本変形を行う．以下，s, t を任意の実数とする．

(1) $\left(\begin{array}{ccc|c} 1 & 2 & 4 & 8 \\ 3 & 6 & 12 & 24 \\ 5 & 10 & 20 & 40 \end{array}\right) \sim \left(\begin{array}{ccc|c} 1 & 2 & 4 & 8 \\ 0 & 0 & 0 & 0 \\ 0 & 0 & 0 & 0 \end{array}\right)$

となる．$y = s,\ z = t$ とおけば，求める解は $x = -2s - 4t + 8,\ y = s,\ z = t$．また，$\mathrm{rank}\ A = \mathrm{rank}\ A_+ = 1$

(2) $\left(\begin{array}{cccc|c} 1 & 1 & 1 & -2 & 6 \\ -1 & 0 & 2 & 4 & -5 \\ 2 & 1 & 1 & -8 & 17 \\ 1 & -1 & -3 & -5 & 4 \end{array}\right) \sim \left(\begin{array}{cccc|c} 1 & 0 & 0 & 0 & -1 \\ 0 & 1 & 0 & 0 & 2 \\ 0 & 0 & 1 & 0 & 1 \\ 0 & 0 & 0 & 1 & -2 \end{array}\right)$

となる．したがって，求める解は，$x = -1,\ y = 2,\ z = 1,\ w = -2$．また，$\mathrm{rank}\ A = \mathrm{rank}\ A_+ = 4$

(3) $\left(\begin{array}{cccc|c} 1 & 2 & 3 & 2 & 2 \\ 1 & 3 & 2 & 5 & 1 \\ 0 & 2 & 1 & 9 & 1 \\ 2 & 3 & 7 & 1 & 5 \end{array}\right) \sim \left(\begin{array}{cccc|c} 1 & 0 & 0 & -9 & -1 \\ 0 & 1 & 0 & 4 & 0 \\ 0 & 0 & 1 & 1 & 1 \\ 0 & 0 & 0 & 0 & 0 \end{array}\right)$

となる．$w = t$ とおけば，求める解は $x = 9t - 1, y = -4t, z = -t + 1, w = t$．また，$\mathrm{rank}\ A = \mathrm{rank}\ A_+ = 3$

(4) $\left(\begin{array}{cccc|c} 1 & -2 & 1 & 5 & -5 \\ 2 & -3 & 4 & 7 & -6 \\ 2 & -1 & 8 & 1 & 2 \\ 1 & -1 & 3 & 2 & -1 \end{array}\right) \sim \left(\begin{array}{cccc|c} 1 & 0 & 5 & -1 & 3 \\ 0 & 1 & 2 & -3 & 4 \\ 0 & 0 & 0 & 0 & 0 \\ 0 & 0 & 0 & 0 & 0 \end{array}\right)$

となる．$z = s,\ w = t$ とおけば，求める解は $x = -5s + t + 3, y = -2s + 3t + 4, z = s, w = t$．また，$\mathrm{rank}\ A = \mathrm{rank}\ A_+ = 2$

5.8 (1) 行の基本変形によって，

$$A^{-1} = \begin{pmatrix} 7 & -3 & -1 \\ -23 & 10 & 4 \\ 5 & -2 & -1 \end{pmatrix}$$

(2) $\begin{pmatrix} x \\ y \\ z \end{pmatrix} = \begin{pmatrix} 2 & 1 & 2 \\ 3 & 2 & 5 \\ 4 & 1 & -1 \end{pmatrix}^{-1} \begin{pmatrix} 3 \\ 9 \\ -5 \end{pmatrix}$ から，$x = -1, y = 1, z = 2$

5.9 行の基本変形によって求める．

(1) $\dfrac{1}{9}\begin{pmatrix} 2 & 1 & 7 & 1 \\ 3 & -3 & -3 & -12 \\ 1 & -4 & -1 & -4 \\ 3 & -3 & -3 & -3 \end{pmatrix}$

(2) $\dfrac{1}{20}\begin{pmatrix} 0 & -4 & 0 & 8 \\ 0 & -8 & 0 & -4 \\ 5 & -14 & -15 & -7 \\ 5 & 2 & 5 & 1 \end{pmatrix}$

5.10 行の基本変形によって，係数行列は次のように変形することができる．

$$\begin{pmatrix} 1 & -a & 1 \\ 1 & 1 & -a \\ -a & 1 & 1 \end{pmatrix} \sim \begin{pmatrix} 1 & -a & 1 \\ 0 & a+1 & -(a+1) \\ 0 & 0 & -(a+1)(a-2) \end{pmatrix}$$

よって，$x = y = z = 0$ 以外の解をもつのは $a = -1, 2$ のときである．それぞれの場合について方程式を解いて，

$a = -1$ のときの解は，$x = -s - t,\ y = s,\ z = t$（$s, t$ は任意の実数），

$a = 2$ のときの解は，$x = y = z = t$（t は任意の実数）

5.11 4 つの等式 $x - 3 = \dfrac{y-1}{-3}$，$\dfrac{y-1}{-3} = \dfrac{z-1}{2}$，$\dfrac{x+1}{3} = \dfrac{y-6}{-2}$，$\dfrac{y-6}{-2} = z + a$ から，連立方程式

$$\begin{cases} 3x + y = 10 \\ 2y + 3z = 5 \\ 2x + 3y = 16 \\ y + 2z = 6-2a \end{cases}$$

が得られる．行の基本変形を行うと，

$$\begin{pmatrix} 3 & 1 & 0 & 10 \\ 0 & 2 & 3 & 5 \\ 2 & 3 & 0 & 16 \\ 0 & 1 & 2 & 6-2a \end{pmatrix} \sim \begin{pmatrix} 1 & 0 & 0 & 2 \\ 0 & 1 & 0 & 4 \\ 0 & 0 & 1 & -1 \\ 0 & 0 & 0 & 2-a \end{pmatrix}$$

となる．この連立方程式が解をもつのは $a=2$ のときであり，そのときの解は $x=2$, $y=4$, $z=-1$ である．よって，2 直線が交点をもつのは $a=2$ のときであり，交点の座標は $(2,4,-1)$ である．

5.12　2 平面の方程式を連立させて解く．拡大係数行列に行の基本変形を行うと，

$$\begin{pmatrix} 2 & 1 & 2 & 7 \\ 1 & 2 & -2 & 8 \end{pmatrix} \sim \begin{pmatrix} 1 & 0 & 2 & 2 \\ 0 & 1 & -2 & 3 \end{pmatrix}$$

となる．よって，$\begin{cases} x=-2t+2 \\ y=2t+3 \\ z=t \end{cases}$ が得られる．t を消去して，求める方程式は，

$$\frac{x-2}{-2} = \frac{y-3}{2} = z$$

5.13　(1) $\boldsymbol{c} = m\boldsymbol{a} + n\boldsymbol{b}$ とすると，

$\begin{pmatrix} 8 \\ -9 \end{pmatrix} = m\begin{pmatrix} -2 \\ 5 \end{pmatrix} + n\begin{pmatrix} 4 \\ 1 \end{pmatrix}$ から，

$\begin{pmatrix} -2 & 4 \\ 5 & 1 \end{pmatrix}\begin{pmatrix} m \\ n \end{pmatrix} = \begin{pmatrix} 8 \\ -9 \end{pmatrix}$ となる．これを解いて，$m=-2$, $n=1$ を得る．よって，$\boldsymbol{c} = -2\boldsymbol{a} + \boldsymbol{b}$

(2) $\boldsymbol{d} = l\boldsymbol{a} + m\boldsymbol{b} + n\boldsymbol{c}$ とすると，

$\begin{pmatrix} 2 & 0 & 2 \\ 1 & 1 & 0 \\ 3 & 2 & -1 \end{pmatrix}\begin{pmatrix} l \\ m \\ n \end{pmatrix} = \begin{pmatrix} -6 \\ 2 \\ 5 \end{pmatrix}$ となる．

これを解いて，$l=-1$, $m=3$, $n=-2$ となるので，$\boldsymbol{d} = -\boldsymbol{a} + 3\boldsymbol{b} - 2\boldsymbol{c}$

5.14　(1) $\boldsymbol{a}, \boldsymbol{b}, \boldsymbol{c}$ が線形従属であるとすると，$x\boldsymbol{a} + y\boldsymbol{b} + z\boldsymbol{c} = \boldsymbol{0}$ となる実数 x, y, z で $x=y=z=0$ ではないものが存在する．$x \neq 0$ のときには，$\boldsymbol{a} = -\dfrac{y}{x}\boldsymbol{b} - \dfrac{z}{x}\boldsymbol{c}$ となり，点 A は平面 OBC 上にある．$y \neq 0$, $z \neq 0$ の場合も同様である．

(2) 4 点 O, A, B, C が同一平面上にあるとする．3 点 A, B, C のうちのいずれか 1 つの点が原点 O と一致すれば，$\boldsymbol{a}, \boldsymbol{b}, \boldsymbol{c}$ のいずれか 1 つは零ベクトルであるから，$\boldsymbol{a}, \boldsymbol{b}, \boldsymbol{c}$ は線形従属となる（たとえば，$\boldsymbol{c} = \boldsymbol{0}$ であれば，$0\boldsymbol{a} + 0\boldsymbol{b} + 1\boldsymbol{c} = \boldsymbol{0}$ となる）．3 点 A, B, C がいずれも原点でないとする．$\overrightarrow{\mathrm{OC}}$ は $\overrightarrow{\mathrm{OA}}$ と $\overrightarrow{\mathrm{OB}}$ の線形結合で表されるので，$\boldsymbol{c} = \alpha\boldsymbol{b} + \beta\boldsymbol{b}$ と表すことができる．よって，$\alpha\boldsymbol{b} + \beta\boldsymbol{b} - \boldsymbol{c} = \boldsymbol{0}$ であるから，$\boldsymbol{a}, \boldsymbol{b}, \boldsymbol{c}$ は線形従属となる．

(3) (1), (2) の 2 つの結果から，「$\boldsymbol{a}, \boldsymbol{b}, \boldsymbol{c}$ が線形従属である ⇔ 4 点 O, A, B, C が同一平面上にある」がいえる．その対偶を考えることにより，「$\boldsymbol{a}, \boldsymbol{b}, \boldsymbol{c}$ が線形独立である ⇔ 4 点 O, A, B, C が同一平面上にない」がわかる．

5.15　(1) $x\boldsymbol{a} + y(\boldsymbol{a}+\boldsymbol{b}) + z(\boldsymbol{a}+\boldsymbol{b}+\boldsymbol{c}) = \boldsymbol{0}$ とすると，$(x+y+z)\boldsymbol{a} + (y+z)\boldsymbol{b} + z\boldsymbol{c} = \boldsymbol{0}$ となる．$\boldsymbol{a}$, $\boldsymbol{b}$, $\boldsymbol{c}$ は線形独立であるから，

$\begin{cases} x + y + z = 0 \\ y + z = 0 \\ z = 0 \end{cases}$ となる．これを解くと

$x=y=z=0$ となるので，$\boldsymbol{a}, \boldsymbol{a}+\boldsymbol{b}, \boldsymbol{a}+\boldsymbol{b}+\boldsymbol{c}$ は線形独立である．

(2) $x(\boldsymbol{a}-\boldsymbol{b}) + y(\boldsymbol{b}-\boldsymbol{c}) + z(\boldsymbol{c}-\boldsymbol{a}) = \boldsymbol{0}$ とすると，$(x-z)\boldsymbol{a} + (y-x)\boldsymbol{b} + (z-y)\boldsymbol{c} = \boldsymbol{0}$ となる．$\boldsymbol{a}$, $\boldsymbol{b}$, $\boldsymbol{c}$ は線形独立であるから，

$\begin{cases} x - z = 0 \\ -x + y = 0 \\ -y + z = 0 \end{cases}$ となる．これを解くと $x=y=z=t$（t は任意の実数）となるので，$\boldsymbol{a}-\boldsymbol{b}, \boldsymbol{b}-\boldsymbol{c}, \boldsymbol{c}-\boldsymbol{a}$ は線形従属である．

5.16　(1) $a=2$ のとき，行の基本変形を行って，

$$A = \begin{pmatrix} -3 & -2 & -3 & -3 \\ 1 & 1 & 1 & 1 \\ 2 & 1 & 2 & 2 \\ 1 & 1 & 1 & 1 \end{pmatrix} \sim \begin{pmatrix} 1 & 0 & 1 & 1 \\ 0 & 1 & 0 & 0 \\ 0 & 0 & 0 & 0 \\ 0 & 0 & 0 & 0 \end{pmatrix}$$

となるから，$\mathrm{rank}\, A = 2$

(2) $a=1$ のとき，行の基本変形を行って，

$$A=\begin{pmatrix}-4&-2&-3&-3\\1&0&1&1\\2&1&1&2\\1&1&1&0\end{pmatrix}\sim\begin{pmatrix}1&0&0&2\\0&1&0&-1\\0&0&1&-1\\0&0&0&0\end{pmatrix}$$

となるから，$\operatorname{rank} A=3$

(3) $a\neq 2, a\neq 1$ のとき，

$$A=\begin{pmatrix}a-5&-2&-3&-3\\1&a-1&1&1\\2&1&a&2\\1&1&1&a-1\end{pmatrix}$$

$$\sim\begin{pmatrix}a-1&a-1&a-1&a-1\\1&a-1&1&1\\2&1&a&2\\1&1&1&a-1\end{pmatrix}$$

[第 2, 3, 4 行を第 1 行に加えた]

$$\sim\begin{pmatrix}1&1&1&1\\1&a-1&1&1\\2&1&a&2\\1&1&1&a-1\end{pmatrix}$$

[第 1 行を $a-1$ で割った]

$$\sim\begin{pmatrix}1&1&1&1\\0&a-2&0&0\\0&-1&a-2&0\\0&0&0&a-2\end{pmatrix}$$

$$\sim\begin{pmatrix}1&1&1&1\\0&1&0&0\\0&-1&a-2&0\\0&0&0&a-2\end{pmatrix}$$

[第 2 行を $a-2$ で割った]

$$\sim\begin{pmatrix}1&0&1&1\\0&1&0&0\\0&0&a-2&0\\0&0&0&a-2\end{pmatrix}$$

$$\sim\begin{pmatrix}1&0&0&0\\0&1&0&0\\0&0&1&0\\0&0&0&1\end{pmatrix}$$

[第 3, 4 行を $a-2$ で割ったあと，第 3 行と第 4 行を第 1 行から引いた]

となるので，$\operatorname{rank} A=4$

5.17 (1) 行の基本変形によって，$\begin{pmatrix}\boldsymbol{a} & A\boldsymbol{a}\end{pmatrix}=\begin{pmatrix}1&3\\1&4\end{pmatrix}\sim\begin{pmatrix}1&0\\0&1\end{pmatrix}$ となる．したがって，$x\boldsymbol{a}+yA\boldsymbol{a}=\boldsymbol{0}$ を満たす実数 x, y は $x=y=0$ しかないので，$\boldsymbol{a}$, $A\boldsymbol{a}$ は線形独立である．

(2) 行の基本変形によって，

$$\begin{pmatrix}\boldsymbol{a}\ A\boldsymbol{a}\ A^2\boldsymbol{a}\end{pmatrix}=\begin{pmatrix}1&3&10\\1&4&15\end{pmatrix}\sim\begin{pmatrix}1&0&-5\\0&1&5\end{pmatrix}$$

となる．したがって，$x\boldsymbol{a}+yA\boldsymbol{a}+zA^2\boldsymbol{a}=\boldsymbol{0}$ を満たす実数 x, y, z は，t を任意の実数として $x=5t$, $y=-5t$, $z=t$ と表すことができる．$x=5$, $y=-5$, $z=1$ のとき，$5\boldsymbol{a}-5A\boldsymbol{a}+A^2\boldsymbol{a}=\boldsymbol{0}$ が成り立つので，$\boldsymbol{a}$, $A\boldsymbol{a}$, $A^2\boldsymbol{a}$ は線形従属であり，$A^2\boldsymbol{a}=-5\boldsymbol{a}+5A\boldsymbol{a}$

5.18 拡大係数行列に行の基本変形を行う．

(1)

$$\left(\begin{array}{ccc|c}1&-2&3&1\\2&-2&2&a\\4&-3&2&4\end{array}\right)\sim\left(\begin{array}{ccc|c}1&0&-1&1\\0&1&-2&0\\0&0&0&a-2\end{array}\right)$$

となるので，連立方程式が解をもつのは $a=2$ のときである．解は $x=t+1$, $y=2t$, $z=t$（t は任意の実数）．

(2)

$$\left(\begin{array}{ccc|c}1&0&1&1\\1&1&a+1&a+1\\1&0&2&1\\2&1&a+2&a^2+2\end{array}\right)\sim\left(\begin{array}{ccc|c}1&0&0&1\\0&1&0&a\\0&0&1&0\\0&0&0&a(a-1)\end{array}\right)$$

である．よって，連立方程式が解をもつのは $a=0,1$ のときである．$a=0$ のときの解は $x=1$, $y=0$, $z=0$ で，$a=1$ のときの解は $x=1$, $y=1$, $z=0$.

5.19 拡大係数行列に行の基本変形を行うと，

$$\left(\begin{array}{cccc|c} 1 & -2 & 1 & -4 & 1 \\ 2 & 2 & -1 & 1 & -2 \\ -1 & 1 & 2 & 1 & 1 \\ 3 & -1 & 2 & 2 & -2 \end{array}\right)$$

$$\sim \left(\begin{array}{cccc|c} 1 & 0 & 0 & 0 & -\frac{2}{3} \\ 0 & 1 & 0 & 0 & 0 \\ 0 & 0 & 1 & 0 & \frac{1}{3} \\ 0 & 0 & 0 & 1 & -\frac{1}{3} \end{array}\right)$$ となるので，

$\operatorname{rank} A = \operatorname{rank} A_+ = 4$．解は $x = -\dfrac{2}{3}$，$y = 0$, $z = \dfrac{1}{3}$, $w = -\dfrac{1}{3}$

5.20 (1) A に行の基本変形を行うと，$A \sim$

$$\begin{pmatrix} 1 & 0 & \frac{2a+1}{11} \\ 0 & 1 & \frac{a-5}{11} \\ 0 & 0 & (a+6)(a-3) \end{pmatrix}$$ となる．よって，

求める a の値は $a = -6, 3$

(2) $a = -6$ のとき，$\begin{pmatrix} 1 & 0 & \frac{2a+1}{11} \\ 0 & 1 & \frac{a-5}{11} \\ 0 & 0 & (a+6)(a-3) \end{pmatrix}$

$= \begin{pmatrix} 1 & 0 & -1 \\ 0 & 1 & -1 \\ 0 & 0 & 0 \end{pmatrix}$ であるから，連立 1 次方程式 $A\boldsymbol{x} = \boldsymbol{0}$ の解は，$\begin{pmatrix} x \\ y \\ z \end{pmatrix} = s \begin{pmatrix} 1 \\ 1 \\ 1 \end{pmatrix}$ (s は任意の実数）となる．成分がすべて整数となるのは s が整数のときであり，この場合，$x + y + z = 3s$ が最小の正の整数となるのは，$s = 1$ のときである．よって，求める解は $\begin{pmatrix} x \\ y \\ z \end{pmatrix} = \begin{pmatrix} 1 \\ 1 \\ 1 \end{pmatrix}$

$a = 3$ のとき，$\begin{pmatrix} 1 & 0 & \frac{2a+1}{11} \\ 0 & 1 & \frac{a-5}{11} \\ 0 & 0 & (a+6)(a-3) \end{pmatrix} =$

$\begin{pmatrix} 1 & 0 & \frac{7}{11} \\ 0 & 1 & -\frac{2}{11} \\ 0 & 0 & 0 \end{pmatrix}$ であるから，連立 1 次方程式 $A\boldsymbol{x} = \boldsymbol{0}$ の解は，$\begin{pmatrix} x \\ y \\ z \end{pmatrix} = t \begin{pmatrix} -7 \\ 2 \\ 11 \end{pmatrix}$ (t は任意の実数）となる．成分がすべて整数となるのは t が整数のときであり，この場合，$x + y + z = 6t$ が最小の正の整数となるのは，$t = 1$ のときである．よって，求める解は $\begin{pmatrix} x \\ y \\ z \end{pmatrix} = \begin{pmatrix} -7 \\ 2 \\ 11 \end{pmatrix}$

5.21 行の基本変形を行うと，

$$\left(\begin{array}{cccc|cccc} -2 & 1 & 1 & 1 & 1 & 0 & 0 & 0 \\ 1 & -2 & 1 & 1 & 0 & 1 & 0 & 0 \\ 1 & 1 & -2 & 1 & 0 & 0 & 1 & 0 \\ 1 & 1 & 1 & -2 & 0 & 0 & 0 & 1 \end{array}\right)$$

$$\sim \left(\begin{array}{cccc|cccc} 1 & 0 & 0 & 0 & 0 & \frac{1}{3} & \frac{1}{3} & \frac{1}{3} \\ 0 & 1 & 0 & 0 & \frac{1}{3} & 0 & \frac{1}{3} & \frac{1}{3} \\ 0 & 0 & 1 & 0 & \frac{1}{3} & \frac{1}{3} & 0 & \frac{1}{3} \\ 0 & 0 & 0 & 1 & \frac{1}{3} & \frac{1}{3} & \frac{1}{3} & 0 \end{array}\right)$$

となるので，逆行列は $\dfrac{1}{3}\begin{pmatrix} 0 & 1 & 1 & 1 \\ 1 & 0 & 1 & 1 \\ 1 & 1 & 0 & 1 \\ 1 & 1 & 1 & 0 \end{pmatrix}$

5.22 (1) 行の基本変形を行うと，

$$\left(\begin{array}{ccc|ccc} 1 & -3 & 2 & 1 & 0 & 0 \\ 2 & -1 & 1 & 0 & 1 & 0 \\ -1 & 2 & -2 & 0 & 0 & 1 \end{array}\right)$$

$$\sim \left(\begin{array}{ccc|ccc} 1 & 0 & 0 & 0 & \frac{2}{3} & \frac{1}{3} \\ 0 & 1 & 0 & -1 & 0 & -1 \\ 0 & 0 & 1 & -1 & -\frac{1}{3} & -\frac{5}{3} \end{array}\right)$$

となる．よって，$A^{-1} = \begin{pmatrix} 0 & \frac{2}{3} & \frac{1}{3} \\ -1 & 0 & -1 \\ -1 & -\frac{1}{3} & -\frac{5}{3} \end{pmatrix}$

(2) $\begin{pmatrix} x \\ y \\ z \end{pmatrix} = \begin{pmatrix} 0 & \frac{2}{3} & \frac{1}{3} \\ -1 & 0 & -1 \\ -1 & -\frac{1}{3} & -\frac{5}{3} \end{pmatrix} \begin{pmatrix} -2 \\ 1 \\ 1 \end{pmatrix}$

$= \begin{pmatrix} 1 \\ 1 \\ 0 \end{pmatrix}$ から，$x = 1, y = 1, z = 0$

5.23 拡大係数行列について行の基本変形をすると，

$$\left(\begin{array}{ccc|c} 1 & 2 & -1 & 2 \\ 2 & 1 & 1 & -1 \\ a & 2 & -1 & b \end{array}\right)$$

$$\sim \left(\begin{array}{ccc|c} 1 & 0 & 1 & -\frac{4}{3} \\ 0 & 1 & -1 & \frac{5}{3} \\ 0 & 0 & 1-a & b + \frac{4}{3}a - \frac{10}{3} \end{array}\right)$$

となる．係数行列，拡大係数行列をそれぞれ A, A_+ とおく．

(1) $\mathrm{rank}\, A = 3$ の場合であるから，$a \neq 1$

(2) $\mathrm{rank}\, A = \mathrm{rank}\, A_+ = 2$ の場合であるから，$a = 1$ かつ $b + \frac{4}{3}a - \frac{10}{3} = 0$ の場合である．したがって，$a = 1, b = 2$

(3) $\mathrm{rank}\, A = 2 < 3 = \mathrm{rank}\, A_+$ の場合であるから，$a = 1$ かつ $b + \frac{4}{3}a - \frac{10}{3} \neq 0$ の場合である．したがって，$a = 1, b \neq 2$

5.24 (1) $|B| = a^3c^3 = (ac)^3 = |A|^3$

(2) $\mathrm{rank}\, A = 0$ のとき，$a = b = c = 0$ であるから，$\mathrm{rank}\, B = 0$

(3) $\mathrm{rank}\, A = 1$ とする．$a = 0$ のとき，$b \neq 0$ または $c \neq 0$ であり，このとき，行の基本変形によって

$$B = \begin{pmatrix} 0 & 0 & b^2 \\ 0 & 0 & bc \\ 0 & 0 & c^2 \end{pmatrix} \sim \begin{pmatrix} 0 & 0 & 1 \\ 0 & 0 & 0 \\ 0 & 0 & 0 \end{pmatrix}$$

となるから，$\mathrm{rank}\, B = 1$ である．$a \neq 0$ のとき，$c = 0$ であり，このとき，$B = \begin{pmatrix} a^2 & 2ab & b^2 \\ 0 & 0 & 0 \\ 0 & 0 & 0 \end{pmatrix}$ であるから，$\mathrm{rank}\, B = 1$ となる．したがって，$\mathrm{rank}\, B = 1$

(4) $\mathrm{rank}\, A = 2$ のとき，$ac \neq 0$ であるから，$a \neq 0$ かつ $c \neq 0$ である．このとき，行の基本変形によって

$$B = \begin{pmatrix} a^2 & 2ab & b^2 \\ 0 & ac & bc \\ 0 & 0 & c^2 \end{pmatrix} \sim \begin{pmatrix} 1 & 0 & 0 \\ 0 & 1 & 0 \\ 0 & 0 & 1 \end{pmatrix}$$

となるから，$\mathrm{rank}\, B = 3$

5.25 拡大係数行列について行の基本変形をすると，

$$\left(\begin{array}{cccc|c} 1 & a & a^2 & a^3 & 1 \\ a & a^2 & a^3 & 1 & 1 \\ a^2 & a^3 & 1 & a & 1 \\ a^3 & 1 & a & a^2 & 1 \end{array}\right)$$

$$\sim \left(\begin{array}{cccc|c} 1 & a & a^2 & a^3 & 1 \\ 0 & 1-a^4 & a(1-a^4) & a^2(1-a^4) & 1-a^3 \\ 0 & 0 & 1-a^4 & a(1-a^4) & 1-a^2 \\ 0 & 0 & 0 & 1-a^4 & 1-a \end{array}\right)$$

(1) $a^2 \neq 1$ のとき，

$$\left(\begin{array}{cccc|c} 1 & a & a^2 & a^3 & 1 \\ 0 & 1-a^4 & a(1-a^4) & a^2(1-a^4) & 1-a^3 \\ 0 & 0 & 1-a^4 & a(1-a^4) & 1-a^2 \\ 0 & 0 & 0 & 1-a^4 & 1-a \end{array}\right)$$

$$\sim \left(\begin{array}{cccc|c} 1 & 0 & 0 & 0 & b \\ 0 & 1 & 0 & 0 & b \\ 0 & 0 & 1 & 0 & b \\ 0 & 0 & 0 & 1 & b \end{array}\right)$$

となる．ただし，$b = \dfrac{1-a}{1-a^4}$ である．した

がって，この場合の解は

$$x = y = z = w$$

$$= \frac{1-a}{1-a^4} = \frac{1}{1+a+a^2+a^3}$$

(2) $a = 1$ のとき，

$$\left(\begin{array}{cccc|c} 1 & 1 & 1 & 1 & 1 \\ 1 & 1 & 1 & 1 & 1 \\ 1 & 1 & 1 & 1 & 1 \\ 1 & 1 & 1 & 1 & 1 \end{array}\right) \sim \left(\begin{array}{cccc|c} 1 & 1 & 1 & 1 & 1 \\ 0 & 0 & 0 & 0 & 0 \\ 0 & 0 & 0 & 0 & 0 \\ 0 & 0 & 0 & 0 & 0 \end{array}\right)$$

となるので，$x = 1 - s - t - u,\ y = s,\ z = t,\ w = u$ ($s,\ t,\ u$ は任意の実数)

(3) $a = -1$ のとき，

$$\left(\begin{array}{cccc|c} 1 & -1 & 1 & -1 & 1 \\ -1 & 1 & -1 & 1 & 1 \\ 1 & -1 & 1 & -1 & 1 \\ -1 & 1 & -1 & 1 & 1 \end{array}\right)$$

$$\sim \left(\begin{array}{cccc|c} 1 & -1 & 1 & -1 & 1 \\ 0 & 0 & 0 & 0 & 2 \\ 0 & 0 & 0 & 0 & 0 \\ 0 & 0 & 0 & 0 & 2 \end{array}\right)$$

となるので，この場合には解はない．

5.26　拡大係数行列について行の基本変形をすると，

$$\left(\begin{array}{cccc|c} 1 & 0 & -1 & 0 & 0 \\ 8 & 1 & -5 & -1 & 0 \\ 0 & 1 & 4 & a & 0 \\ 1 & -1 & -3 & 2 & b \end{array}\right) \sim \left(\begin{array}{cccc|c} 1 & 0 & 0 & a+1 & 0 \\ 0 & 1 & 0 & -3a-4 & 0 \\ 0 & 0 & 1 & a+1 & 0 \\ 0 & 0 & 0 & -a & b \end{array}\right)$$

となる．したがって，係数行列 A と拡大係数行列 A_+ の階数は，次の表のようにまとめられる．

aの値	bの値	rank A	rank A_+	解の個数
$a = 0$	$b = 0$	3	3	無限個の組
$a = 0$	$b \neq 0$	3	4	なし
$a \neq 0$	任意	4	4	1 組

この結果から，答えは次のようになる．

(1) $a = 0$ かつ $b \neq 0$

(2) $a = b = 0$

(3) $a \neq 0$

第3章　線形変換と固有値

第6節　線形変換

6.1　表現行列は $\begin{pmatrix} 4 & -1 \\ 2 & -3 \end{pmatrix}$，$\boldsymbol{p}$ の像は $\begin{pmatrix} 5 \\ -5 \end{pmatrix}$

6.2　(1) 行列を用いて表すと

$\begin{pmatrix} x' \\ y' \end{pmatrix} = \begin{pmatrix} -1 & 3 \\ 1 & -2 \end{pmatrix} \begin{pmatrix} x \\ y \end{pmatrix}$ であり，表現行列は $\begin{pmatrix} -1 & 3 \\ 1 & -2 \end{pmatrix}$

(2) $f(\boldsymbol{e}_1) = \begin{pmatrix} -1 \\ 1 \end{pmatrix}$，$f(\boldsymbol{e}_2) = \begin{pmatrix} 3 \\ -2 \end{pmatrix}$

(3) $f(\boldsymbol{p}) = \begin{pmatrix} 5 \\ -4 \end{pmatrix}$

6.3　(1) $\begin{pmatrix} -2 & 2 \\ -3 & 13 \end{pmatrix}$　(2) $\begin{pmatrix} 7 & 4 \\ 12 & 4 \end{pmatrix}$

(3) $\begin{pmatrix} 1 & 9 \\ 0 & 16 \end{pmatrix}$

6.4　逆変換の表現行列は $\dfrac{1}{19}\begin{pmatrix} 4 & -5 \\ 3 & 1 \end{pmatrix}$，

$\boldsymbol{p} = \dfrac{1}{19}\begin{pmatrix} 23 \\ 3 \end{pmatrix}$

6.5　(1) $-\dfrac{1}{4}\begin{pmatrix} 4 & -3 \\ 0 & -1 \end{pmatrix}$　(2) $\dfrac{1}{5}\begin{pmatrix} 1 & 1 \\ -3 & 2 \end{pmatrix}$

(3) $-\dfrac{1}{20}\begin{pmatrix} 4 & -4 \\ -12 & 7 \end{pmatrix}$

(4) $-\dfrac{1}{20}\begin{pmatrix} 13 & -2 \\ 3 & -2 \end{pmatrix}$

6.6

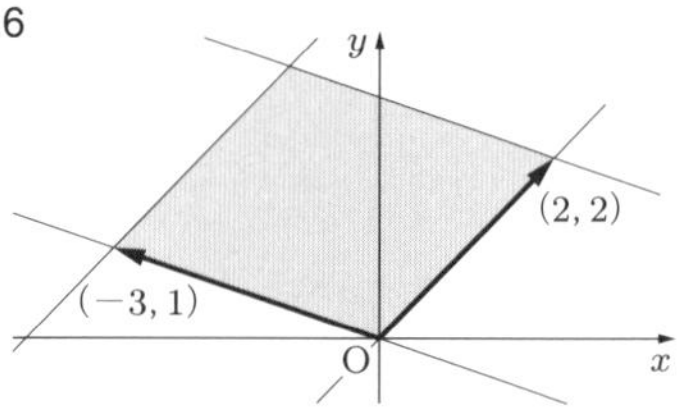

6.7　(1) x 軸方向に 2 倍の拡大

(2) x 軸方向に 5 倍，y 軸方向に 3 倍の拡大

6.8　$\begin{pmatrix} 0 & -1 \\ -1 & 0 \end{pmatrix}$

6.9　(1) 表現行列は $\begin{pmatrix} \frac{1}{\sqrt{2}} & -\frac{1}{\sqrt{2}} \\ \frac{1}{\sqrt{2}} & \frac{1}{\sqrt{2}} \end{pmatrix}$ であり，点 P の像は $(3\sqrt{2}, -\sqrt{2})$

(2) 表現行列は $\begin{pmatrix} -\frac{1}{2} & -\frac{\sqrt{3}}{2} \\ \frac{\sqrt{3}}{2} & -\frac{1}{2} \end{pmatrix}$ であり，点 P の像は $(2\sqrt{3}-1, \sqrt{3}+2)$

6.10　(1) 行列の列ベクトルを $\boldsymbol{a}_1 = \begin{pmatrix} 3 \\ -1 \end{pmatrix}$, $\boldsymbol{a}_2 = \begin{pmatrix} 1 \\ 3 \end{pmatrix}$ とおくと，$\boldsymbol{a}_1 \cdot \boldsymbol{a}_2 = 0$ であるから，これらは互いに直交する．直交行列は

$$\begin{pmatrix} \frac{3}{\sqrt{10}} & \frac{1}{\sqrt{10}} \\ -\frac{1}{\sqrt{10}} & \frac{3}{\sqrt{10}} \end{pmatrix}$$

(2) 行列の列ベクトルを $\boldsymbol{a}_1 = \begin{pmatrix} 2 \\ 1 \end{pmatrix}$, $\boldsymbol{a}_2 = \begin{pmatrix} 1 \\ -2 \end{pmatrix}$ とおくと，$\boldsymbol{a}_1 \cdot \boldsymbol{a}_2 = 0$ であるから，これらは互いに直交する．直交行列は

$$\begin{pmatrix} \frac{2}{\sqrt{5}} & \frac{1}{\sqrt{5}} \\ \frac{1}{\sqrt{5}} & -\frac{2}{\sqrt{5}} \end{pmatrix}$$

6.11　(1) 2　(2) $\begin{pmatrix} \frac{\sqrt{3}+1}{2} \\ \frac{\sqrt{3}-1}{2} \end{pmatrix}$

(3) $\begin{pmatrix} \frac{3-\sqrt{3}}{2} \\ \frac{3\sqrt{3}+1}{2} \end{pmatrix}$　(4) 2

6.12　(1) 直線 $\dfrac{x-1}{-6} = \dfrac{y-7}{13}$

(2) 直線 $\dfrac{x-18}{7} = \dfrac{y-5}{5}$

6.13　点 (x, y) の像を (x', y') とすると，

$$\begin{pmatrix} x' \\ y' \end{pmatrix} = \begin{pmatrix} \frac{1}{2} & -\frac{\sqrt{3}}{2} \\ \frac{\sqrt{3}}{2} & \frac{1}{2} \end{pmatrix} \begin{pmatrix} x \\ y \end{pmatrix}$$

である．両辺の左から右辺の 2 次正方行列の逆行列をかけると

$$\begin{pmatrix} x \\ y \end{pmatrix} = \begin{pmatrix} \frac{1}{2} & \frac{\sqrt{3}}{2} \\ -\frac{\sqrt{3}}{2} & \frac{1}{2} \end{pmatrix} \begin{pmatrix} x' \\ y' \end{pmatrix}$$

であるから，

$$\begin{cases} x = \dfrac{1}{2}x' + \dfrac{\sqrt{3}}{2}y' \\ y = -\dfrac{\sqrt{3}}{2}x' + \dfrac{1}{2}y' \end{cases}$$

となる．これを $x^2 - y^2 = -1$ に代入して整理すると，

$$(x')^2 - 2\sqrt{3}x'y' - (y')^2 = 2$$

となる．したがって，求める図形の方程式は

$$x^2 - 2\sqrt{3}xy - y^2 = 2$$

である．

6.14　(1) 求める行列を A とすると，$A\begin{pmatrix} 4 & 1 \\ 5 & 2 \end{pmatrix} = \begin{pmatrix} 1 & 2 \\ -1 & 1 \end{pmatrix}$ であるから，

$$A = \begin{pmatrix} 1 & 2 \\ -1 & 1 \end{pmatrix} \begin{pmatrix} 4 & 1 \\ 5 & 2 \end{pmatrix}^{-1} = \frac{1}{3}\begin{pmatrix} -8 & 7 \\ -7 & 5 \end{pmatrix}$$

(2) $\begin{pmatrix} 2 & 0 \\ 0 & 1 \end{pmatrix} \begin{pmatrix} \cos\frac{\pi}{3} & -\sin\frac{\pi}{3} \\ \sin\frac{\pi}{3} & \cos\frac{\pi}{3} \end{pmatrix}$

$$= \begin{pmatrix} 2 & 0 \\ 0 & 1 \end{pmatrix} \begin{pmatrix} \frac{1}{2} & -\frac{\sqrt{3}}{2} \\ \frac{\sqrt{3}}{2} & \frac{1}{2} \end{pmatrix}$$

$$= \begin{pmatrix} 1 & -\sqrt{3} \\ \frac{\sqrt{3}}{2} & \frac{1}{2} \end{pmatrix}$$

6.15　線形変換は原点を原点に移し，直線を直線に移すことを使う．

(1) $f(\mathrm{A})=\mathrm{P}$, $f(\mathrm{B})=\mathrm{Q}$, $f(\mathrm{C})=\mathrm{R}$ とすると，$\mathrm{P}(3,1)$, $\mathrm{Q}(4,3)$, $\mathrm{R}(1,2)$, $f(\mathrm{O})=\mathrm{O}$ であるから，求める像は平行四辺形 OPQR

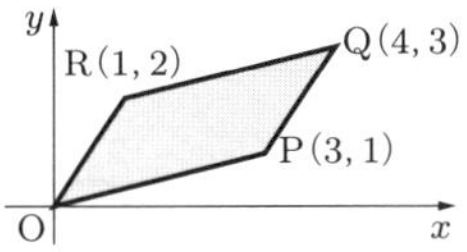

(2) $f(\mathrm{D}) = \mathrm{S}$, $f(\mathrm{E}) = \mathrm{T}$ とすると，$\mathrm{S}(6,2)$, $\mathrm{T}(2,4)$ であり，求める像は三角形 OST

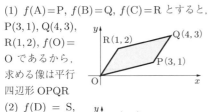

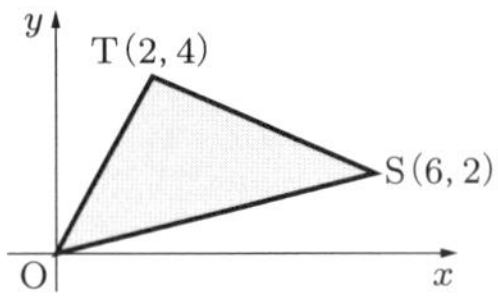

6.16 (1) 原点を中心に $\dfrac{5\pi}{6}$ だけ回転する線形変換

(2) A^n を表現行列とする線形変換は，原点を中心に $\dfrac{5\pi n}{6}$ だけ回転する線形変換であり，これが恒等変換となるのは，$\dfrac{5n}{6}$ が 2 の倍数となるときである．したがって，求める最小の自然数は 12

6.17

$$\begin{pmatrix}\cos 3\theta & -\sin 3\theta\\ \sin 3\theta & \cos 3\theta\end{pmatrix}$$
$$=\begin{pmatrix}\cos\theta & -\sin\theta\\ \sin\theta & \cos\theta\end{pmatrix}^3$$
$$=\begin{pmatrix}\cos\theta & -\sin\theta\\ \sin\theta & \cos\theta\end{pmatrix}^2\begin{pmatrix}\cos\theta & -\sin\theta\\ \sin\theta & \cos\theta\end{pmatrix}$$
$$=\begin{pmatrix}\cos^2\theta-\sin^2\theta & -2\sin\theta\cos\theta\\ 2\sin\theta\cos\theta & \cos^2\theta-\sin^2\theta\end{pmatrix}\cdot\begin{pmatrix}\cos\theta & -\sin\theta\\ \sin\theta & \cos\theta\end{pmatrix}$$

である．両辺の (1, 1) 成分を比べることにより，

$$\begin{aligned}\cos 3\theta &= (\cos^2\theta-\sin^2\theta)\cos\theta\\ &\quad -2\sin\theta\cos\theta\sin\theta\\ &=\cos^3\theta-3\sin^2\theta\cos\theta\\ &=\cos^3\theta-3(1-\cos^2\theta)\cos\theta\\ &=4\cos^3\theta-3\cos\theta\end{aligned}$$

同様にして，(2, 1) 成分を比べることにより，

$$\begin{aligned}\sin 3\theta &= 2\sin\theta\cos\theta\cos\theta\\ &\quad +(\cos^2\theta-\sin^2\theta)\sin\theta\\ &=3\sin\theta\cos^2\theta-\sin^3\theta\\ &=3\sin\theta(1-\sin^2\theta)-\sin^3\theta\\ &=3\sin\theta-4\sin^3\theta\end{aligned}$$

6.18 $\begin{pmatrix}x'\\ y'\end{pmatrix}=\begin{pmatrix}1 & 2\\ 3 & -1\end{pmatrix}\begin{pmatrix}x\\ y\end{pmatrix}$ とする．

(1) $\begin{pmatrix}x'\\ y'\end{pmatrix}=\begin{pmatrix}1 & 2\\ 3 & -1\end{pmatrix}\begin{pmatrix}2t+3\\ -3t-1\end{pmatrix}$

$=\begin{pmatrix}-4t+\ \ 1\\ 9t+10\end{pmatrix}$ であり，x', y' をそれぞれ x, y に置き換えて，$\begin{cases}x=-4t+\ \ 1\\ y=\ \ \ 9t+10\end{cases}$

（t は任意の実数）

(2) $\begin{pmatrix}x\\ y\end{pmatrix}=\begin{pmatrix}1 & 2\\ 3 & -1\end{pmatrix}^{-1}\begin{pmatrix}x'\\ y'\end{pmatrix}$

$=\dfrac{1}{7}\begin{pmatrix}x'+2y'\\ 3x'-\ \ y'\end{pmatrix}$ を直線の方程式に代入して，

$$\frac{1}{7}(3x'-y')=\frac{1}{2}\cdot\frac{1}{7}(x'+2y')-3$$

となる．これを整理して，x', y' をそれぞれ x, y に置き換えて，$5x-4y+42=0$

6.19 $\begin{pmatrix}x'\\ y'\end{pmatrix}=\begin{pmatrix}1 & -2\\ -3 & 6\end{pmatrix}\begin{pmatrix}x\\ y\end{pmatrix}\quad\cdots①$

とする．A は正則でないことに注意する．

(1) 直線 $2x+y-1=0$ の媒介変数表示 $\begin{cases}x = t\\ y = -2t+1\end{cases}$ を①に代入して，

$$\begin{pmatrix}x'\\ y'\end{pmatrix}=\begin{pmatrix}1 & -2\\ -3 & 6\end{pmatrix}\begin{pmatrix}t\\ -2t+1\end{pmatrix}$$
$$=\begin{pmatrix}5t-2\\ -15t+6\end{pmatrix}$$

となる．したがって，x', y' をそれぞれ x, y に置き換えて，像の直線の媒介変数表示

$\begin{cases} x = 5t-2 \\ y = -15t+6 \end{cases}$ が得られる．これから t を消去して，$3x+y=0$

(2) 直線 $x-2y+1=0$ の媒介変数表示 $\begin{cases} x = 2t-1 \\ y = t \end{cases}$ を①に代入して，

$$\begin{pmatrix} x' \\ y' \end{pmatrix} = \begin{pmatrix} 1 & -2 \\ -3 & 6 \end{pmatrix}\begin{pmatrix} 2t-1 \\ t \end{pmatrix} = \begin{pmatrix} -1 \\ 3 \end{pmatrix}$$

となる．したがって，像は1点 $(-1,3)$

6.20 求める線形変換の表現行列を $A = \begin{pmatrix} a & b \\ c & d \end{pmatrix}$ とすると，すべての実数 t について，

$$\begin{pmatrix} a & b \\ c & d \end{pmatrix}\begin{pmatrix} t \\ 3t+2 \end{pmatrix} = \begin{pmatrix} 4 \\ -6 \end{pmatrix}$$

が成り立つ．したがって，

$$\begin{cases} (a+3b)t+(2b-4) = 0 \\ (c+3d)t+(2d+6) = 0 \end{cases}$$

がすべての実数 t について成り立つので，

$$\begin{cases} a + 3b = 0 \\ 2b - 4 = 0 \end{cases}, \quad \begin{cases} c + 3d = 0 \\ 2d + 6 = 0 \end{cases}$$

となる．これを解いて，$A = \begin{pmatrix} -6 & 2 \\ 9 & -3 \end{pmatrix}$

6.21 $m=0$ の場合は x 軸に関する対称変換であり，表現行列は $\begin{pmatrix} 1 & 0 \\ 0 & -1 \end{pmatrix}$ である．以下，$m \neq 0$ とする．点 $\mathrm{P}(x,y)$ の像を $\mathrm{P}'(x',y')$ とすると，直線 PP' と直線 $y=mx$ は垂直に交わるので，$\dfrac{y-y'}{x-x'}\cdot m = -1$ が成り立つ．また，2点 P, P′ の中点は直線 $y=mx$ 上にあるので，$\dfrac{y+y'}{2} = m\cdot\dfrac{x+x'}{2}$ が成り立つ．したがって，

$$\begin{cases} x' + my' = x + my \\ mx' - y' = -mx + y \end{cases}$$

が得られる．よって，

$$\begin{pmatrix} 1 & m \\ m & -1 \end{pmatrix}\begin{pmatrix} x' \\ y' \end{pmatrix} = \begin{pmatrix} 1 & m \\ -m & 1 \end{pmatrix}\begin{pmatrix} x \\ y \end{pmatrix}$$

である．$\begin{pmatrix} 1 & m \\ m & -1 \end{pmatrix}$ は正則であるから，逆行列が存在して

$$\begin{pmatrix} x' \\ y' \end{pmatrix} = \begin{pmatrix} 1 & m \\ m & -1 \end{pmatrix}^{-1}\begin{pmatrix} 1 & m \\ -m & 1 \end{pmatrix}\begin{pmatrix} x \\ y \end{pmatrix}$$

となり，f の表現行列は

$$\begin{pmatrix} 1 & m \\ m & -1 \end{pmatrix}^{-1}\begin{pmatrix} 1 & m \\ -m & 1 \end{pmatrix} = \frac{1}{m^2+1}\begin{pmatrix} 1-m^2 & 2m \\ 2m & m^2-1 \end{pmatrix}$$

となる．この結果は $m=0$ の場合でも成り立つ．

6.22 (1) A が直交行列であれば，任意の平面ベクトル $\boldsymbol{x}, \boldsymbol{y}$ に対して

$$A\boldsymbol{x}\cdot A\boldsymbol{y} = {}^t(A\boldsymbol{x})(A\boldsymbol{y}) = {}^t\boldsymbol{x}({}^tAA)\boldsymbol{y}$$
$$= {}^t\boldsymbol{x}E\boldsymbol{y} = {}^t\boldsymbol{x}\boldsymbol{y} = \boldsymbol{x}\cdot\boldsymbol{y}$$

である．

(2) 任意の平面ベクトル $\boldsymbol{x}, \boldsymbol{y}$ に対して $A\boldsymbol{x}\cdot A\boldsymbol{y} = \boldsymbol{x}\cdot\boldsymbol{y}$ が成り立つとき，A の列ベクトル $\boldsymbol{a}_1, \boldsymbol{a}_2$ について，

$$\boldsymbol{a}_i\cdot\boldsymbol{a}_j = A\boldsymbol{e}_i\cdot A\boldsymbol{e}_j = \boldsymbol{e}_i\cdot\boldsymbol{e}_j$$
$$= \begin{cases} 1 & (i=j\text{ のとき}) \\ 0 & (i\neq j\text{ のとき}) \end{cases}$$

が成り立つ．したがって，A の列ベクトルは互いに直交する単位ベクトルである．${}^tAA$ の (i,j) 成分は $\boldsymbol{a}_i\cdot\boldsymbol{a}_j$ であるから，${}^tAA = E$ が成り立つ．よって，A は直交行列である．

(3) $A\boldsymbol{x}\cdot A\boldsymbol{y} = \boldsymbol{x}\cdot\boldsymbol{y}$ が任意の平面ベクトルに対して成り立つとすると，任意の平面ベクトル $\boldsymbol{v}$ について

$$|A\boldsymbol{v}|^2 = A\boldsymbol{v}\cdot A\boldsymbol{v} = \boldsymbol{v}\cdot\boldsymbol{v} = |\boldsymbol{v}|^2$$

となる．よって，$|A\boldsymbol{v}| = |\boldsymbol{v}|$ が成り立つ．

(4) 任意の平面ベクトル $\boldsymbol{v}$ に対して $|A\boldsymbol{v}| = |\boldsymbol{v}|$ が成り立つとすると，任意の平面ベクトル $\boldsymbol{x}, \boldsymbol{y}$ に対して，

$$|A\boldsymbol{x}+A\boldsymbol{y}|^2 = |A(\boldsymbol{x}+\boldsymbol{y})|^2 = |\boldsymbol{x}+\boldsymbol{y}|^2$$

が成り立つ．したがって，

$$\begin{aligned}&|\,A\boldsymbol{x}\,|^2+2A\boldsymbol{x}\cdot A\boldsymbol{y}+|\,A\boldsymbol{y}\,|^2\\&=|\,\boldsymbol{x}\,|^2+2\boldsymbol{x}\cdot\boldsymbol{y}+|\,\boldsymbol{y}\,|^2\end{aligned}$$

であり，$|\,A\boldsymbol{x}\,|=|\,\boldsymbol{x}\,|$, $|\,A\boldsymbol{y}\,|=|\,\boldsymbol{y}\,|$ であるから，$A\boldsymbol{x}\cdot A\boldsymbol{y}=\boldsymbol{x}\cdot\boldsymbol{y}$ が得られる．

6.23　$(A|E)$ に行の基本変形を行うと，

$$\left(\begin{array}{ccc|ccc}-2&2&-3&1&0&0\\4&-1&1&0&1&0\\5&3&-6&0&0&1\end{array}\right)\sim\left(\begin{array}{ccc|ccc}1&0&0&3&3&-1\\0&1&0&29&27&-10\\0&0&1&17&16&-6\end{array}\right)$$

となるので，A は正則で $A^{-1}=\begin{pmatrix}3&3&-1\\29&27&-10\\17&16&-6\end{pmatrix}$ であるから，

$$\begin{pmatrix}x\\y\\z\end{pmatrix}=\begin{pmatrix}3&3&-1\\29&27&-10\\17&16&-6\end{pmatrix}\begin{pmatrix}x'\\y'\\z'\end{pmatrix}=\begin{pmatrix}3x'+3y'-z'\\29x'+27y'-10z'\\17x'+16y'-6z'\end{pmatrix}$$

となる．これを $2x-y+z=0$ に代入して，$6x'+5y'-2z'=0$ が得られる．x', y', z' をそれぞれ x, y, z に置き換えて，像の方程式 $6x+5y-2z=0$ が得られる．

6.24　(1) 行の基本変形によって $\begin{pmatrix}-5&-3&2\\2&1&0\\-3&-2&1\end{pmatrix}$

(2) $\begin{pmatrix}x\\y\\z\end{pmatrix}=\begin{pmatrix}-5&-3&2\\2&1&0\\-3&-2&1\end{pmatrix}\begin{pmatrix}x'\\y'\\z'\end{pmatrix}=$

$\begin{pmatrix}-5x'-3y'+2z'\\2x'+y'\\-3x'-2y'+z'\end{pmatrix}$ を $x+2y-z=1$ に代入して整理すると，$2x'+y'+z'=1$ が得られる．したがって，像の方程式は $2x+y+z=1$

6.25　(1) $x\boldsymbol{a}_1+y\boldsymbol{a}_2=\boldsymbol{0}$ とすると，

$\begin{pmatrix}2&1\\1&0\\1&1\end{pmatrix}\begin{pmatrix}x\\y\end{pmatrix}=\begin{pmatrix}0\\0\\0\end{pmatrix}$ となる．これを解いて，$x=y=0$ となるので，$\boldsymbol{a}_1, \boldsymbol{a}_2$ は線形独立である．

(2) $x\boldsymbol{a}_1+y\boldsymbol{a}_2+z\boldsymbol{a}_3=\boldsymbol{0}$ とすると，

$\begin{pmatrix}2&1&0\\1&0&1\\1&1&-1\end{pmatrix}\begin{pmatrix}x\\y\\z\end{pmatrix}=\begin{pmatrix}0\\0\\0\end{pmatrix}$ となる．これを解いて，$x=-t, y=2t, z=t$ となる．ただし，t は任意の実数である．$t=-1$ とすれば，$\boldsymbol{a}_1-2\boldsymbol{a}_2-\boldsymbol{a}_3=\boldsymbol{0}$ となるので，$\boldsymbol{a}_1$, $\boldsymbol{a}_2$, $\boldsymbol{a}_3$ は線形従属である．

(3) (2) の結果から，$\boldsymbol{a}_3=\boldsymbol{a}_1-2\boldsymbol{a}_2$ であるので，

$$\begin{aligned}&\begin{pmatrix}2&1&0\\1&0&1\\1&1&-1\end{pmatrix}\begin{pmatrix}x\\y\\z\end{pmatrix}\\&=x\begin{pmatrix}2\\1\\1\end{pmatrix}+y\begin{pmatrix}1\\0\\1\end{pmatrix}+z\begin{pmatrix}0\\1\\-1\end{pmatrix}\\&=x\boldsymbol{a}_1+y\boldsymbol{a}_2+z\boldsymbol{a}_3\\&=(x+z)\boldsymbol{a}_1+(y-2z)\boldsymbol{a}_2\end{aligned}$$

である．よって，空間のすべての点は，f によって，$\boldsymbol{a}_1, \boldsymbol{a}_2$ を含む平面上の点に移される．求める平面の法線ベクトルは

$$\boldsymbol{a}_1\times\boldsymbol{a}_2=\begin{pmatrix}1\\-1\\-1\end{pmatrix}$$

であり，f によって原点は原点に移されるので，求める平面の方程式は $x-y-z=0$

6.26　直線 $y=ax$ 上の点は，(t, at) と表すことができるので，直線の像の点 (x', y') は，

$$\begin{pmatrix}x'\\y'\end{pmatrix}=\begin{pmatrix}3&1\\6&4\end{pmatrix}\begin{pmatrix}t\\at\end{pmatrix}=\begin{pmatrix}(3+a)t\\(6+4a)t\end{pmatrix}$$

と表すことができる．この点が直線 $y=ax$ 上にあるので，

$$(6+4a)t = a(3+a)t$$

が任意の t に対して成り立つ．したがって，$6+4a = 3a+a^2$ であり，これを解いて，$a = -2, 3$

6.27 f, g, h の表現行列をそれぞれ A, B, C とすると，$A = \begin{pmatrix} -1 & 0 \\ 0 & 1 \end{pmatrix}$，$B = \dfrac{1}{a^2+1}\begin{pmatrix} 1-a^2 & 2a \\ 2a & a^2-1 \end{pmatrix}$，$C = \dfrac{1}{\sqrt{2}}\begin{pmatrix} 1 & -1 \\ 1 & 1 \end{pmatrix}$ である（B は Q6.21 を参照）．$g \circ f = h$ である条件は，$BA = C$ であり，$BA = \dfrac{1}{a^2+1}\begin{pmatrix} a^2-1 & 2a \\ -2a & a^2-1 \end{pmatrix}$ であるから，

$$\frac{a^2-1}{a^2+1} = \frac{1}{\sqrt{2}} \qquad \cdots ①$$

$$\frac{2a}{a^2+1} = -\frac{1}{\sqrt{2}} \qquad \cdots ②$$

となる．①を解くと $a = \pm(1+\sqrt{2})$ であり，②を解くと $a = \pm 1 - \sqrt{2}$ である．共通の解を求めると，$a = -1-\sqrt{2}$ となる．

6.28 (1) 任意の平面ベクトル $\boldsymbol{v}$ について，$f(\boldsymbol{v}) - \boldsymbol{v}$ と $\boldsymbol{u}$ は平行であるから，$f(\boldsymbol{v}) - \boldsymbol{v} = k\boldsymbol{u}$ となる実数 k がある．よって，

$$f(\boldsymbol{v}) = \boldsymbol{v} + k\boldsymbol{u} \qquad \cdots ①$$

である．また，$f(\boldsymbol{v}) + \boldsymbol{v}$ と $\boldsymbol{u}$ は直交するので，

$$\{f(\boldsymbol{v}) + \boldsymbol{v}\} \cdot \boldsymbol{u} = 0 \qquad \cdots ②$$

となる．①を②に代入して，$k = -2\boldsymbol{v} \cdot \boldsymbol{u}$ となる．これを①に代入して，$f(\boldsymbol{v}) = \boldsymbol{v} - 2(\boldsymbol{v} \cdot \boldsymbol{u})\boldsymbol{u}$

(2) $\boldsymbol{v} = \begin{pmatrix} x \\ y \end{pmatrix}$ とおくと，(1) の結果から，

$$\begin{aligned} f(\boldsymbol{v}) &= \boldsymbol{v} - 2(\boldsymbol{v} \cdot \boldsymbol{u})\boldsymbol{u} \\ &= \begin{pmatrix} x \\ y \end{pmatrix} - 2(x\cos\theta + y\sin\theta)\begin{pmatrix} \cos\theta \\ \sin\theta \end{pmatrix} \\ &= \begin{pmatrix} (1-2\cos^2\theta)x - 2\sin\theta\cos\theta \cdot y \\ -2\sin\theta\cos\theta \cdot x + (1-2\sin^2\theta)y \end{pmatrix} \\ &= \begin{pmatrix} 1-2\cos^2\theta & -2\sin\theta\cos\theta \\ -2\sin\theta\cos\theta & 1-2\sin^2\theta \end{pmatrix}\begin{pmatrix} x \\ y \end{pmatrix} \end{aligned}$$

となる．2 倍角の公式から，求める表現行列は

$$\begin{pmatrix} 1-2\cos^2\theta & -2\sin\theta\cos\theta \\ -2\sin\theta\cos\theta & 1-2\sin^2\theta \end{pmatrix} = \begin{pmatrix} -\cos 2\theta & -\sin 2\theta \\ -\sin 2\theta & \cos 2\theta \end{pmatrix}$$

6.29 (1) A^2

$$\begin{aligned} &= \begin{pmatrix} b_1 \\ b_2 \end{pmatrix}\begin{pmatrix} c_1 & c_2 \end{pmatrix} \cdot \begin{pmatrix} b_1 \\ b_2 \end{pmatrix}\begin{pmatrix} c_1 & c_2 \end{pmatrix} \\ &= \begin{pmatrix} b_1 \\ b_2 \end{pmatrix}\left\{\begin{pmatrix} c_1 & c_2 \end{pmatrix}\begin{pmatrix} b_1 \\ b_2 \end{pmatrix}\right\}\begin{pmatrix} c_1 & c_2 \end{pmatrix} \\ &= \begin{pmatrix} b_1 \\ b_2 \end{pmatrix}(c_1b_1 + c_2b_2)\begin{pmatrix} c_1 & c_2 \end{pmatrix} \\ &= (b_1c_1 + b_2c_2)\begin{pmatrix} b_1 \\ b_2 \end{pmatrix}\begin{pmatrix} c_1 & c_2 \end{pmatrix} \\ &= (\boldsymbol{b} \cdot \boldsymbol{c})A \end{aligned}$$

(2)
$$\begin{aligned} |E - A| &= \begin{vmatrix} 1-b_1c_1 & -b_1c_2 \\ -b_2c_1 & 1-b_2c_2 \end{vmatrix} \\ &= (1-b_1c_1)(1-b_2c_2) \\ &\quad - b_1c_2b_2c_1 \\ &= 1 - (b_1c_1 + b_2c_2) \\ &= 1 - \boldsymbol{b} \cdot \boldsymbol{c} \end{aligned}$$

となることから，$E - A$ が正則である条件は $\boldsymbol{b} \cdot \boldsymbol{c} \neq 1$ であることがわかる．

(3) $E - A$ が直交行列である必要十分条件は，${}^t(E-A)(E-A) = E$ である．両辺の成分を比べることにより，この条件は

$$c_1(|\boldsymbol{b}|^2c_1 - 2b_1) = 0 \qquad \cdots ①$$

$$c_2(|\boldsymbol{b}|^2c_2 - 2b_2) = 0 \qquad \cdots ②$$

$$c_1c_2|\boldsymbol{b}|^2 - b_1c_2 - b_2c_1 = 0 \qquad \cdots ③$$

と書きかえることができる．①から，$c_1 = 0$ または $c_1 = \dfrac{2b_1}{|\boldsymbol{b}|^2}$ である．$c_1 = 0$ のときは，

③から $b_1c_2 = 0$ となり，$c_2 \neq 0$ であることから $b_1 = 0$ となる．したがって，この場合も含めて，$c_1 = \dfrac{2b_1}{|\boldsymbol{b}|^2}$ である．同様にして，$c_2 = \dfrac{2b_2}{|\boldsymbol{b}|^2}$ である．よって，$\boldsymbol{c} = \dfrac{2\boldsymbol{b}}{|\boldsymbol{b}|^2}$ となる．

逆に，$\boldsymbol{c} = \dfrac{2\boldsymbol{b}}{|\boldsymbol{b}|^2}$ であれば，①～③の等式が成り立つことを確かめることができるので，$E - A$ は直交行列となる．

(4) $E-A$ が直交行列であるとき，$\boldsymbol{c} = \dfrac{2\boldsymbol{b}}{|\boldsymbol{b}|^2}$ であるから，

$$A = \boldsymbol{b}\,{}^t\boldsymbol{c} = \frac{2}{|\boldsymbol{b}|^2}\boldsymbol{b}\,{}^t\boldsymbol{b}$$

となる．よって，任意の平面ベクトル $\boldsymbol{v}$ に対して

$$A\boldsymbol{v} = \frac{2}{|\boldsymbol{b}|^2}\boldsymbol{b}\,{}^t\boldsymbol{b}\boldsymbol{v} = \frac{2}{|\boldsymbol{b}|^2}(\boldsymbol{b}\cdot\boldsymbol{v})\boldsymbol{b}$$

となるので，

$$(E-A)\boldsymbol{v} = \boldsymbol{v} - \frac{2}{|\boldsymbol{b}|^2}(\boldsymbol{b}\cdot\boldsymbol{v})\boldsymbol{b} \quad \cdots ④$$

である．

一方，直線 ℓ に関する対称変換を f とすると，$f(\boldsymbol{v}) - \boldsymbol{v}$ は $\boldsymbol{b}$ に平行であり，$f(\boldsymbol{v}) + \boldsymbol{v}$ は $\boldsymbol{b}$ に垂直であるから，

$$f(\boldsymbol{v}) - \boldsymbol{v} = k\boldsymbol{b}$$

$$\{f(\boldsymbol{v}) + \boldsymbol{v}\}\cdot\boldsymbol{b} = 0$$

が成り立つ．ただし，k は実数である．これを解いて，$k = -\dfrac{2}{|\boldsymbol{b}|^2}(\boldsymbol{b}\cdot\boldsymbol{v})$ となるので，

$$f(\boldsymbol{v}) = \boldsymbol{v} - \frac{2}{|\boldsymbol{b}|^2}(\boldsymbol{b}\cdot\boldsymbol{v})\boldsymbol{b} \qquad \cdots ⑤$$

となる．

④, ⑤から，$(E-A)\boldsymbol{v} = f(\boldsymbol{v})$ がすべての平面ベクトル $\boldsymbol{v}$ について成り立つので，$E-A$ を表現行列とする線形変換は直線 ℓ に関する対称変換である．

第 7 節　正方行列の固有値と対角化

本節では，固有値を λ_i，それに属する固有ベクトルを $\boldsymbol{p}_i$ で表す．また，s, t, u, s_i, t_i は任意の実数を表す．

7.1　(1) $\lambda_1 = 1,\ \boldsymbol{p}_1 = s\begin{pmatrix}3\\2\end{pmatrix}$;

$\lambda_2 = 6,\ \boldsymbol{p}_2 = t\begin{pmatrix}-1\\1\end{pmatrix}$

(2) $\lambda_1 = -1,\ \boldsymbol{p}_1 = s\begin{pmatrix}1\\1\end{pmatrix}$;

$\lambda_2 = 4,\ \boldsymbol{p}_2 = t\begin{pmatrix}-1\\4\end{pmatrix}$

7.2　(1) $\lambda_1 = 2,\ \boldsymbol{p}_1 = s\begin{pmatrix}1\\-1\\0\end{pmatrix}$;

$\lambda_2 = -1,\ \boldsymbol{p}_2 = t\begin{pmatrix}-1\\-2\\3\end{pmatrix}$

(2) $\lambda_1 = -1,\ \boldsymbol{p}_1 = s\begin{pmatrix}-1\\1\\3\end{pmatrix}$;

$\lambda_2 = 0,\ \boldsymbol{p}_2 = t\begin{pmatrix}0\\1\\1\end{pmatrix}$;

$\lambda_3 = 2,\ \boldsymbol{p}_3 = u\begin{pmatrix}1\\-1\\0\end{pmatrix}$

(3) $\lambda_1 = -3,\ \boldsymbol{p}_1 = s_1\begin{pmatrix}-1\\1\\0\end{pmatrix} + s_2\begin{pmatrix}-1\\0\\1\end{pmatrix}$;

$\lambda_2 = 3,\ \boldsymbol{p}_2 = t\begin{pmatrix}1\\1\\1\end{pmatrix}$

7.3　(1) $P = \begin{pmatrix}1 & 1\\1 & 4\end{pmatrix}$ とおくと，

$$P^{-1}AP = \begin{pmatrix}-2 & 0\\0 & 1\end{pmatrix}$$

(2) $P = \begin{pmatrix}2 & -1\\1 & 1\end{pmatrix}$ とおくと，

$$P^{-1}AP = \begin{pmatrix} 5 & 0 \\ 0 & 2 \end{pmatrix}$$

(3) $P = \begin{pmatrix} -1 & -2 & -1 \\ 0 & -1 & -8 \\ 1 & 1 & 5 \end{pmatrix}$ とおくと，

$$P^{-1}AP = \begin{pmatrix} -2 & 0 & 0 \\ 0 & -1 & 0 \\ 0 & 0 & 2 \end{pmatrix}$$

(4) $P = \begin{pmatrix} -1 & 1 & 1 \\ -1 & -1 & 1 \\ 2 & 0 & 1 \end{pmatrix}$ とおくと，

$$P^{-1}AP = \begin{pmatrix} -1 & 0 & 0 \\ 0 & 1 & 0 \\ 0 & 0 & 2 \end{pmatrix}$$

7.4　$P = \begin{pmatrix} -1 & 3 & -3 \\ 0 & 2 & 0 \\ 1 & 0 & 4 \end{pmatrix}$ とおくと，

$$P^{-1}AP = \begin{pmatrix} 1 & 0 & 0 \\ 0 & -1 & 0 \\ 0 & 0 & -1 \end{pmatrix}$$

7.5　対角化行列を P とする．

(1) $P = \dfrac{1}{\sqrt{5}}\begin{pmatrix} 1 & -2 \\ 2 & 1 \end{pmatrix}$ とおくと，

$$P^{-1}AP = \begin{pmatrix} 0 & 0 \\ 0 & -5 \end{pmatrix}$$

(2) $P = \dfrac{1}{\sqrt{2}}\begin{pmatrix} 1 & -1 \\ 1 & 1 \end{pmatrix}$ とおくと，

$$P^{-1}AP = \begin{pmatrix} -2 & 0 \\ 0 & 4 \end{pmatrix}$$

7.6　A の固有値と固有ベクトルは，

$$\lambda_1 = 1, \quad \boldsymbol{p}_1 = s_1\begin{pmatrix} -1 \\ 1 \\ 0 \end{pmatrix} + s_2\begin{pmatrix} -1 \\ 0 \\ 1 \end{pmatrix};$$

$$\lambda_2 = 4, \quad \boldsymbol{p}_2 = t\begin{pmatrix} 1 \\ 1 \\ 1 \end{pmatrix}$$

である．

$$\boldsymbol{a} = \begin{pmatrix} -1 \\ 1 \\ 0 \end{pmatrix}, \ \boldsymbol{b} = \begin{pmatrix} -1 \\ 0 \\ 1 \end{pmatrix}, \ \boldsymbol{c} = \begin{pmatrix} 1 \\ 1 \\ 1 \end{pmatrix}$$

とおき，$\boldsymbol{a}, \boldsymbol{b}$ にシュミットの直交化法を適用すると，

$$\boldsymbol{a}' = \boldsymbol{a} = \begin{pmatrix} -1 \\ 1 \\ 0 \end{pmatrix};$$

$$\boldsymbol{b}' = \boldsymbol{b} - \frac{\boldsymbol{b}\cdot\boldsymbol{a}}{\boldsymbol{a}\cdot\boldsymbol{a}}\boldsymbol{a} = \begin{pmatrix} -\frac{1}{2} \\ -\frac{1}{2} \\ 1 \end{pmatrix}$$

となる．$\lambda_1 = 1$ に属する固有ベクトルとして，$\boldsymbol{a}', \boldsymbol{b}'$ をとり，

$$P = \begin{pmatrix} \dfrac{\boldsymbol{a}'}{|\boldsymbol{a}'|} & \dfrac{\boldsymbol{b}'}{|\boldsymbol{b}'|} & \dfrac{\boldsymbol{c}}{|\boldsymbol{c}|} \end{pmatrix}$$

$$= \begin{pmatrix} -\frac{1}{\sqrt{2}} & -\frac{1}{\sqrt{6}} & \frac{1}{\sqrt{3}} \\ \frac{1}{\sqrt{2}} & -\frac{1}{\sqrt{6}} & \frac{1}{\sqrt{3}} \\ 0 & \frac{2}{\sqrt{6}} & \frac{1}{\sqrt{3}} \end{pmatrix}$$

$$= \frac{1}{\sqrt{6}}\begin{pmatrix} -\sqrt{3} & -1 & \sqrt{2} \\ \sqrt{3} & -1 & \sqrt{2} \\ 0 & 2 & \sqrt{2} \end{pmatrix}$$

とおくと，P は直交行列であり，${}^tPAP = \begin{pmatrix} 1 & 0 & 0 \\ 0 & 1 & 0 \\ 0 & 0 & 4 \end{pmatrix}$ となる．

7.7　$\lambda_1 = \dfrac{-1+\sqrt{5}}{2}, \boldsymbol{p}_1 = s\begin{pmatrix} 3+\sqrt{5} \\ -2 \end{pmatrix};$

$\lambda_2 = \dfrac{-1-\sqrt{5}}{2}, \boldsymbol{p}_2 = t\begin{pmatrix} -3+\sqrt{5} \\ 2 \end{pmatrix}$

7.8　λ を A の固有値，λ に属する固有ベクトルを $\boldsymbol{p} \neq \boldsymbol{0}$ とすると，$A\boldsymbol{p} = \lambda\boldsymbol{p}$ であることから，

$$A^2\boldsymbol{p} = A(A\boldsymbol{p}) = A\lambda\boldsymbol{p} = \lambda A\boldsymbol{p} = \lambda\cdot\lambda\boldsymbol{p} = \lambda^2\boldsymbol{p}$$

である．一方，$A^2 = A$ であることから，

$$A^2\boldsymbol{p} = A\boldsymbol{p} = \lambda\boldsymbol{p}$$

である．したがって，$\lambda^2\boldsymbol{p} = \lambda\boldsymbol{p}$ から $\lambda(\lambda-1)\boldsymbol{p} = \boldsymbol{0}$ となる．$\boldsymbol{p} \neq \boldsymbol{0}$ であるから，$\lambda = 0, 1$

7.9　どちらも，n についての数学的帰納法で示す．

(1) $n=1$ の場合は明らかに成り立つ．$n=k$ で①が成り立つとすると，

$$\begin{pmatrix} \alpha & 0 \\ 0 & \beta \end{pmatrix}^{k+1} = \begin{pmatrix} \alpha & 0 \\ 0 & \beta \end{pmatrix}^{k} \cdot \begin{pmatrix} \alpha & 0 \\ 0 & \beta \end{pmatrix} = \begin{pmatrix} \alpha^k & 0 \\ 0 & \beta^k \end{pmatrix}\begin{pmatrix} \alpha & 0 \\ 0 & \beta \end{pmatrix} = \begin{pmatrix} \alpha^{k+1} & 0 \\ 0 & \beta^{k+1} \end{pmatrix}$$

となり，$n=k+1$ の場合も成り立つ．したがって，すべての自然数について①が成り立つ．

(2) $n=1$ の場合は，$P^{-1}AP = B$ の左側から P，右側から P^{-1} をかけて，$A = PBP^{-1}$ が得られる．$n=k$ で②が成り立つとすると，

$$A^{k+1} = A^k \cdot A = PB^kP^{-1} \cdot PBP^{-1} = PB^k \cdot BP^{-1} = PB^{k+1}P^{-1}$$

となり，$n=k+1$ の場合も成り立つ．したがって，すべての自然数について②が成り立つ．

7.10　$A = \begin{pmatrix} 2 & 2 \\ 2 & -1 \end{pmatrix}$ の固有値と固有ベクトルは，$\lambda_1 = 3$, $\boldsymbol{p}_1 = t_1\begin{pmatrix} 2 \\ 1 \end{pmatrix}$; $\lambda_2 = -2$, $\boldsymbol{p}_2 = t_2\begin{pmatrix} -1 \\ 2 \end{pmatrix}$ である．$P = \begin{pmatrix} 2 & -1 \\ 1 & 2 \end{pmatrix}$, $B = \begin{pmatrix} 3 & 0 \\ 0 & -2 \end{pmatrix}$ とおくと，$P^{-1} = \dfrac{1}{5}\begin{pmatrix} 2 & 1 \\ -1 & 2 \end{pmatrix}$, $P^{-1}AP = B$ であるから，

$$A^n = PB^nP^{-1} = \begin{pmatrix} 2 & -1 \\ 1 & 2 \end{pmatrix}\begin{pmatrix} 3^n & 0 \\ 0 & (-2)^n \end{pmatrix} \cdot \frac{1}{5}\begin{pmatrix} 2 & 1 \\ -1 & 2 \end{pmatrix} = \frac{1}{5}\begin{pmatrix} 4\cdot3^n+(-2)^n & 2\cdot3^n-2\cdot(-2)^n \\ 2\cdot3^n-2\cdot(-2)^n & 3^n+4\cdot(-2)^n \end{pmatrix}$$

7.11　与えられた条件から，

$$\begin{pmatrix} x_n \\ y_n \end{pmatrix} = \begin{pmatrix} 7 & 8 \\ 9 & 8 \end{pmatrix}^{n-1}\begin{pmatrix} 1 \\ -1 \end{pmatrix}$$

が成り立つ．$A = \begin{pmatrix} 7 & 8 \\ 9 & 8 \end{pmatrix}$ の固有値と固有ベクトルは，$\lambda_1 = 16$, $\boldsymbol{p}_1 = s\begin{pmatrix} 8 \\ 9 \end{pmatrix}$; $\lambda_2 = -1$, $\boldsymbol{p}_2 = t\begin{pmatrix} -1 \\ 1 \end{pmatrix}$ である．したがって，$P = \begin{pmatrix} 8 & -1 \\ 9 & 1 \end{pmatrix}$ とおくと，

$$P^{-1}AP = \begin{pmatrix} 16 & 0 \\ 0 & -1 \end{pmatrix}$$

であるから，

$$A^n = \begin{pmatrix} 8 & -1 \\ 9 & 1 \end{pmatrix}\begin{pmatrix} 16 & 0 \\ 0 & -1 \end{pmatrix}^n\begin{pmatrix} 8 & -1 \\ 9 & 1 \end{pmatrix}^{-1} = \frac{1}{17}\begin{pmatrix} 8\cdot16^n+9\cdot(-1)^n & 8\cdot16^n-8\cdot(-1)^n \\ 9\cdot16^n-9\cdot(-1)^n & 9\cdot16^n+8\cdot(-1)^n \end{pmatrix}$$

となる．よって，

$$\begin{pmatrix} x_n \\ y_n \end{pmatrix} = \frac{1}{17}\begin{pmatrix} 8\cdot16^{n-1}+9\cdot(-1)^{n-1} & 8\cdot16^{n-1}-8\cdot(-1)^{n-1} \\ 9\cdot16^{n-1}-9\cdot(-1)^{n-1} & 9\cdot16^{n-1}+8\cdot(-1)^{n-1} \end{pmatrix}\begin{pmatrix} 1 \\ -1 \end{pmatrix} = \begin{pmatrix} (-1)^{n-1} \\ (-1)^n \end{pmatrix}$$

7.12　(1) $E^{-1}AE = A$ であるから A は A に相似である．

(2) A が B に相似ならば，正則な正方行列 P があって $P^{-1}AP = B$ となるので，

$A = PBP^{-1}$ である．$Q = P^{-1}$ とおけば，$Q^{-1}BQ = A$ となるので，B は A に相似である．

(3) A が B に相似であり，かつ B が C に相似ならば，正則な行列 P, Q があって $P^{-1}AP = B, Q^{-1}BQ = C$ となる．PQ は正則であり，$(PQ)^{-1}A(PQ) = Q^{-1}(P^{-1}AP)Q = C$ となることから A は C に相似である．

(4) A が B に相似であるから，正則な正方行列 P があって，$P^{-1}AP = B$ となる．このとき，

$$\begin{aligned}|B - \lambda E| &= |P^{-1}AP - \lambda E| \\ &= |P^{-1}(A - \lambda E)P| \\ &= |P^{-1}| \cdot |A - \lambda E| \cdot |P| \\ &= |A - \lambda E| \cdot (|P^{-1}| \cdot |P|) \\ &= |A - \lambda E| \cdot |P^{-1}P| \\ &= |A - \lambda E|\end{aligned}$$

である．したがって，A と B の固有方程式が等しいので，2 つの行列の固有値は等しい．

7.13 (1) $|A - \lambda E| = (\lambda - 2)(\lambda + 2)^3$ であるから，固有値は $\lambda_1 = 2, \lambda_2 = -2$（3 重解）となる．$\lambda_1 = 2$ に属する固有ベクトルは，

$\boldsymbol{p}_1 = s\begin{pmatrix}1\\1\\1\\1\end{pmatrix}$ であり，$\lambda_2 = -2$ に属する固有ベクトルは，

$$\boldsymbol{p}_2 = t_1\begin{pmatrix}-1\\1\\0\\0\end{pmatrix} + t_2\begin{pmatrix}-1\\0\\1\\0\end{pmatrix} + t_3\begin{pmatrix}-1\\0\\0\\1\end{pmatrix}$$

(2) $|A - \lambda E| = (5 - \lambda)(1 - \lambda)^3 = 0$ から，固有値は $\lambda_1 = 5, \lambda_2 = 1$（3 重解）となる．$\lambda = 5$ に属する固有ベクトルは，

$\boldsymbol{p}_1 = s\begin{pmatrix}1\\1\\1\\1\end{pmatrix}$ であり，$\lambda = 1$ に属する固有ベクトルは，

$$\boldsymbol{p}_2 = t_1\begin{pmatrix}-1\\1\\0\\0\end{pmatrix} + t_2\begin{pmatrix}-1\\0\\1\\0\end{pmatrix} + t_3\begin{pmatrix}-1\\0\\0\\1\end{pmatrix}$$

7.14 λ に属する固有ベクトルを $\boldsymbol{v}$ とすると，$A\boldsymbol{v} = \lambda\boldsymbol{v}$ である．

(1) $(cA)\boldsymbol{v} = c(A\boldsymbol{v}) = c(\lambda\boldsymbol{v}) = (c\lambda)\boldsymbol{v}$ から，cA は $c\lambda$ を固有値としてもつ．

(2) $(E+A)\boldsymbol{v} = E\boldsymbol{v}+A\boldsymbol{v} = \boldsymbol{v}+\lambda\boldsymbol{v} = (1+\lambda)\boldsymbol{v}$ から，$E + A$ は $1 + \lambda$ を固有値としてもつ．

(3) $A^{-1}(A\boldsymbol{v}) = A^{-1}(\lambda\boldsymbol{v})$ から，$A^{-1}\boldsymbol{v} = \dfrac{1}{\lambda}\boldsymbol{v}$ が成り立つ．よって，A^{-1} は $\dfrac{1}{\lambda}$ を固有値としてもつ．

7.15 (1) λ に属する固有ベクトルを $\boldsymbol{p}$ とすると $B\boldsymbol{p} = \lambda\boldsymbol{p}$ であるから，

$$\begin{aligned}B^2\boldsymbol{p} &= B(B\boldsymbol{p}) = B(\lambda\boldsymbol{p}) = \lambda(B\boldsymbol{p}) \\ &= \lambda(\lambda\boldsymbol{p}) = \lambda^2\boldsymbol{p}\end{aligned}$$

となる．よって，

$$\begin{aligned}B^3\boldsymbol{p} &= B(B^2\boldsymbol{p}) = B(\lambda^2\boldsymbol{p}) = \lambda^2(B\boldsymbol{p}) \\ &= \lambda^2(\lambda\boldsymbol{p}) = \lambda^3\boldsymbol{p}\end{aligned}$$

となる．したがって，λ^3 は B^3 の固有値である．

(2) A の固有値を λ，それに属する固有ベクトルを $\boldsymbol{p}$ とする．(1) の結果から，$A^3\boldsymbol{p} = \lambda^3\boldsymbol{p}$ であり，$A^3 = O$ であるから，$\lambda^3\boldsymbol{p} = \boldsymbol{0}$ となる．$\boldsymbol{p} \neq \boldsymbol{0}$ であるから，$\lambda^3 = 0$．よって，$\lambda = 0$ となる．したがって，A の固有値は 0 に限られる．

7.16 (1) 正しくない．反例をあげる．$A = \begin{pmatrix}1&0\\0&2\end{pmatrix}, B = \begin{pmatrix}0&1\\1&0\end{pmatrix}$ とすると，A の固有値は 1, 2 で，B の固有値は ± 1 である．このとき，$AB = \begin{pmatrix}0&1\\2&0\end{pmatrix}$ の固有値は $\pm\sqrt{2}$ であり，A, B の固有値の積にはなっていない．

(2) 正しい．A が正則でないとき，$A\boldsymbol{p} = \boldsymbol{0}$ を満たす $\boldsymbol{p} \neq \boldsymbol{0}$ が存在する．このとき，$A\boldsymbol{p} = 0\boldsymbol{p}$ とかけることから，0 は A の固

有値である．

7.17　(1) $\lambda_1 = 2,\ \boldsymbol{p}_1 = s\begin{pmatrix} -2 \\ 1 \end{pmatrix}$;

$\lambda_2 = 5,\ \boldsymbol{p}_2 = t\begin{pmatrix} 1 \\ 1 \end{pmatrix}$

(2) $P = \begin{pmatrix} -2 & 1 \\ 1 & 1 \end{pmatrix}$ とおくと，$P^{-1}AP = \begin{pmatrix} 2 & 0 \\ 0 & 5 \end{pmatrix}$ であるから，

$$A^n = \begin{pmatrix} -2 & 1 \\ 1 & 1 \end{pmatrix}\begin{pmatrix} 2 & 0 \\ 0 & 5 \end{pmatrix}^n\begin{pmatrix} -2 & 1 \\ 1 & 1 \end{pmatrix}^{-1}$$
$$= \frac{1}{3}\begin{pmatrix} 2\cdot 2^n + 5^n & -2\cdot 2^n + 2\cdot 5^n \\ -2^n + 5^n & 2^n + 2\cdot 5^n \end{pmatrix}$$

(3) 等式

$$(E-A)(E+A+A^2+\cdots+A^{n-1}) = E-A^n$$

を使う．(2) の結果から，

$$E-A^n = \frac{1}{3}\begin{pmatrix} 3-2\cdot 2^n-5^n & 2\cdot 2^n - 2\cdot 5^n \\ 2^n - 5^n & 3-2^n-2\cdot 5^n \end{pmatrix}$$

であり，$E - A = \begin{pmatrix} -2 & -2 \\ -1 & -3 \end{pmatrix}$ は正則である．したがって，

$$E+A+A^2+\cdots+A^{n-1}$$
$$= (E-A)^{-1}(E-A^n)$$
$$= \frac{1}{4}\begin{pmatrix} -3 & 2 \\ 1 & -2 \end{pmatrix}$$
$$\cdot\frac{1}{3}\begin{pmatrix} 3-2\cdot 2^n-5^n & 2\cdot 2^n-2\cdot 5^n \\ 2^n-5^n & 3-2^n-2\cdot 5^n \end{pmatrix}$$
$$= \frac{1}{12}\begin{pmatrix} 5^n+8\cdot 2^n-9 & 2\cdot 5^n-8\cdot 2^n+6 \\ 5^n-4\cdot 2^n+3 & 2\cdot 5^n+4\cdot 2^n-6 \end{pmatrix}$$

7.18　(1) A の固有値と固有ベクトルは，$\lambda_1 = 1,\ \boldsymbol{p}_1 = s\begin{pmatrix} 1 \\ 0 \end{pmatrix}$;　$\lambda_2 = a,\ \boldsymbol{p}_2 = t\begin{pmatrix} 1 \\ 1 \end{pmatrix}$

(2) $P = \begin{pmatrix} 1 & 1 \\ 0 & 1 \end{pmatrix}$ とおくと，P は正則で，$P^{-1}AP = \begin{pmatrix} 1 & 0 \\ 0 & a \end{pmatrix}$ となる．よって，

$$A^n = \begin{pmatrix} 1 & 1 \\ 0 & 1 \end{pmatrix}\begin{pmatrix} 1^n & 0 \\ 0 & a^n \end{pmatrix}\begin{pmatrix} 1 & 1 \\ 0 & 1 \end{pmatrix}^{-1}$$
$$= \begin{pmatrix} 1 & a^n-1 \\ 0 & a^n \end{pmatrix}$$

(3) すべての自然数 n について $A^n = A$ が成り立つことは，$A^2 = A$ であることと同値であり，$A^2 = A$ であることは $a^2 = a$ が成り立つことと同値である．$a^2 = a$ を満たす実数は $a = 0, 1$ であるが，条件から $a \neq 1$ である．したがって，すべての自然数 n について $A^n = A$ が成り立つような実数 a は存在し，その値は 0 である．

7.19　(1) $f(\boldsymbol{p}) = \boldsymbol{p} - \dfrac{\boldsymbol{p}\cdot\boldsymbol{n}}{|\boldsymbol{n}|^2}\boldsymbol{n}$

(2) $A\boldsymbol{n} = f(\boldsymbol{n}) = \boldsymbol{n} - \dfrac{\boldsymbol{n}\cdot\boldsymbol{n}}{|\boldsymbol{n}|^2}\boldsymbol{n} = \boldsymbol{0} = 0\boldsymbol{n}$ であるから，$\boldsymbol{n}$ は A の固有ベクトルであり，対応する固有値は 0 である．

(3) 原点でない点 P が平面 S 上にあって，$\boldsymbol{p} = \overrightarrow{\mathrm{OP}}$ のとき，$\boldsymbol{p}\cdot\boldsymbol{n} = 0$ であるから，

$A\boldsymbol{p} = f(\boldsymbol{p}) = \boldsymbol{p} - \dfrac{\boldsymbol{p}\cdot\boldsymbol{n}}{|\boldsymbol{n}|^2}\boldsymbol{n} = \boldsymbol{p} = 1\boldsymbol{p}$ となる．

したがって，$\boldsymbol{p}$ は A の固有ベクトルであり，対応する固有値は 1 である．

7.20　(1) $A-\alpha E$ が正則であったとすると，$(A-\alpha E)^2 = O$ の両辺の左から $(A-\alpha E)^{-1}$ をかければ，$A-\alpha E = O$ となり，条件 $A-\alpha E \neq O$ に反する．したがって，$A-\alpha E$ は正則でない．

(2) $A-\alpha E$ は正則でないので，$(A-\alpha E)\boldsymbol{v} = \boldsymbol{0}$ となる $\boldsymbol{v} \neq \boldsymbol{0}$ がある．このとき，$A\boldsymbol{v} = \alpha\boldsymbol{v}$ であるから，α は A の固有値である．

(3) $A-\alpha E$ は零行列でなく，正則でないので，$(A-\alpha E)\boldsymbol{x} = \boldsymbol{0}$ を満たす任意の列ベクトル $\boldsymbol{x}$ を $t\boldsymbol{p}_1$（t は任意の実数）と表すことができるベクトル $\boldsymbol{p}_1 \neq \boldsymbol{0}$ がある．$\boldsymbol{p}_1$ と線形独立な列ベクトル $\boldsymbol{p}$ をとると，$(A-\alpha E)\boldsymbol{p} \neq \boldsymbol{0}$ である．なぜならば，もし $(A-\alpha E)\boldsymbol{p} = \boldsymbol{0}$ であったとすると，$\boldsymbol{p} = t\boldsymbol{p}_1$ となる実数 t があり，$\boldsymbol{p}_1, \boldsymbol{p}$ が線形独立であることに反するからである．このとき，

$$(A-\alpha E)\{(A-\alpha E)\boldsymbol{p}\} = (A-\alpha E)^2\boldsymbol{p} = \boldsymbol{0}$$

であるから，上に述べたことから $(A-\alpha E)\boldsymbol{p} = t\boldsymbol{p}_1$ となる実数 t がある．$(A-\alpha E)\boldsymbol{p} \neq \boldsymbol{0}$ であることから $t \neq 0$ である．よって，$\boldsymbol{p}_2 = \dfrac{1}{t}\boldsymbol{p}$ とおけば，$\boldsymbol{p}_1$, $\boldsymbol{p}_2$ は線形独立であり，

$$(A-\alpha E)\boldsymbol{p}_2 = (A-\alpha E)\left(\frac{1}{t}\boldsymbol{p}\right) = \frac{1}{t}(A-\alpha E)\boldsymbol{p} = \frac{1}{t}\cdot t\boldsymbol{p}_1 = \boldsymbol{p}_1$$

となる．

(4) $\boldsymbol{e}_1 = \begin{pmatrix} 1 \\ 0 \end{pmatrix}$, $\boldsymbol{e}_2 = \begin{pmatrix} 0 \\ 1 \end{pmatrix}$ とおくと，

$P\boldsymbol{e}_1 = \boldsymbol{p}_1$, $P\boldsymbol{e}_2 = \boldsymbol{p}_2$ である．行列 P は正則であるから，$P^{-1}\boldsymbol{p}_1 = \boldsymbol{e}_1$, $P^{-1}\boldsymbol{p}_2 = \boldsymbol{e}_2$ が成り立つ．よって，

$$\begin{aligned}(P^{-1}AP)\boldsymbol{e}_1 &= (P^{-1}A)(P\boldsymbol{e}_1) = (P^{-1}A)\boldsymbol{p}_1 \\ &= P^{-1}(A\boldsymbol{p}_1) = P^{-1}(\alpha\boldsymbol{p}_1) \\ &= \alpha P^{-1}\boldsymbol{p}_1 = \alpha\boldsymbol{e}_1 = \begin{pmatrix} \alpha \\ 0 \end{pmatrix},\end{aligned}$$

$$\begin{aligned}(P^{-1}AP)\boldsymbol{e}_2 &= (P^{-1}A)(P\boldsymbol{e}_2) = (P^{-1}A)\boldsymbol{p}_2 \\ &= P^{-1}(A\boldsymbol{p}_2) = P^{-1}(\alpha\boldsymbol{p}_2 + \boldsymbol{p}_1) \\ &= \alpha P^{-1}\boldsymbol{p}_2 + P^{-1}\boldsymbol{p}_1 = \alpha\boldsymbol{e}_2 + \boldsymbol{e}_1 \\ &= \begin{pmatrix} 1 \\ \alpha \end{pmatrix}\end{aligned}$$

となる．したがって，$P^{-1}AP = \begin{pmatrix} \alpha & 1 \\ 0 & \alpha \end{pmatrix}$

7.21 (1) $|A-\lambda E| = -(\lambda-1)^3$ であるから，固有値は 1 だけである．$\lambda = 1$ に属する固有ベクトルは，$\boldsymbol{p} = t_1\begin{pmatrix} -1 \\ 1 \\ 0 \end{pmatrix} + t_2\begin{pmatrix} 1 \\ 0 \\ 1 \end{pmatrix}$

(2) 連立 1 次方程式 $(A-\lambda E)\boldsymbol{q} = \boldsymbol{p}$，すなわち

$$\begin{pmatrix} 1 & 1 & -1 \\ 0 & 0 & 0 \\ 1 & 1 & -1 \end{pmatrix}\begin{pmatrix} x \\ y \\ z \end{pmatrix} = \begin{pmatrix} -t_1+t_2 \\ t_1 \\ t_2 \end{pmatrix} \quad \cdots ①$$

を解く．行の基本変形によって

$$\begin{pmatrix} 1 & 1 & -1 & -t_1+t_2 \\ 0 & 0 & 0 & t_1 \\ 1 & 1 & -1 & t_2 \end{pmatrix} \sim \begin{pmatrix} 1 & 1 & -1 & -t_1+t_2 \\ 0 & 0 & 0 & t_1 \\ 0 & 0 & 0 & 0 \end{pmatrix}$$

となるから，①が解をもつのは $t_1 = 0$ のときである．このとき，$\boldsymbol{p} = t_2\begin{pmatrix} 1 \\ 0 \\ 1 \end{pmatrix}$,

$$\boldsymbol{q} = s_1\begin{pmatrix} -1 \\ 1 \\ 0 \end{pmatrix} + s_2\begin{pmatrix} 1 \\ 0 \\ 1 \end{pmatrix} + t_2\begin{pmatrix} 1 \\ 0 \\ 0 \end{pmatrix}$$

となる．よって，求めるベクトルは，$t_2 = 1$ として，$\boldsymbol{p} = \begin{pmatrix} 1 \\ 0 \\ 1 \end{pmatrix}$ とすればよい．

(3) (2) の結果で，$t_2 = s_1 = s_2 = 1$ のとき，$\boldsymbol{q} = \begin{pmatrix} 1 \\ 1 \\ 1 \end{pmatrix}$ となる．$\lambda = 1$ に属する固有ベクトルとして $\boldsymbol{p}_1 = \begin{pmatrix} 1 \\ 0 \\ 1 \end{pmatrix}$, $\boldsymbol{p}_2 = \begin{pmatrix} -1 \\ 1 \\ 0 \end{pmatrix}$ とおき，$P = (\boldsymbol{p}_1\ \boldsymbol{q}\ \boldsymbol{p}_2) = \begin{pmatrix} 1 & 1 & -1 \\ 0 & 1 & 1 \\ 1 & 1 & 0 \end{pmatrix}$ とおくと，$|P| = 1$ であるから，P は正則である．

$\boldsymbol{e}_1 = \begin{pmatrix} 1 \\ 0 \\ 0 \end{pmatrix}$, $\boldsymbol{e}_2 = \begin{pmatrix} 0 \\ 1 \\ 0 \end{pmatrix}$, $\boldsymbol{e}_3 = \begin{pmatrix} 0 \\ 0 \\ 1 \end{pmatrix}$ とすると，

$$A\boldsymbol{p}_1 = \boldsymbol{p}_1, \quad A\boldsymbol{q} = \boldsymbol{p}_1 + \boldsymbol{q}, \quad A\boldsymbol{p}_2 = \boldsymbol{p}_2,$$

$$P\boldsymbol{e}_1 = \boldsymbol{p}_1, \quad P\boldsymbol{e}_2 = \boldsymbol{q}, \quad P\boldsymbol{e}_3 = \boldsymbol{p}_2$$

であることから，

$$
\begin{aligned}
P^{-1}AP &= P^{-1}A\begin{pmatrix} \boldsymbol{p}_1 & \boldsymbol{q} & \boldsymbol{p}_2 \end{pmatrix} \\
&= P^{-1}\begin{pmatrix} A\boldsymbol{p}_1 & A\boldsymbol{q} & A\boldsymbol{p}_2 \end{pmatrix} \\
&= P^{-1}\begin{pmatrix} \boldsymbol{p}_1 & \boldsymbol{p}_1+\boldsymbol{q} & \boldsymbol{p}_2 \end{pmatrix} \\
&= \begin{pmatrix} P^{-1}\boldsymbol{p}_1 & P^{-1}\boldsymbol{p}_1+P^{-1}\boldsymbol{q} & P^{-1}\boldsymbol{p}_2 \end{pmatrix} \\
&= \begin{pmatrix} \boldsymbol{e}_1 & \boldsymbol{e}_1+\boldsymbol{e}_2 & \boldsymbol{e}_3 \end{pmatrix} = \begin{pmatrix} 1 & 1 & 0 \\ 0 & 1 & 0 \\ 0 & 0 & 1 \end{pmatrix}
\end{aligned}
$$

となる．したがって，$B = \begin{pmatrix} 1 & 1 & 0 \\ 0 & 1 & 0 \\ 0 & 0 & 1 \end{pmatrix}$ とおけば，B は上三角行列であり，$P^{-1}AP = B$ が成り立つ．

(4) n についての数学的帰納法で示す．$n = 1$ のときは明らかに成り立つ．$n = k$ のときに成り立つと仮定すると，

$$
\begin{aligned}
\begin{pmatrix} a & 1 & 0 \\ 0 & a & 0 \\ 0 & 0 & a \end{pmatrix}^{k+1} &= \begin{pmatrix} a & 1 & 0 \\ 0 & a & 0 \\ 0 & 0 & a \end{pmatrix}^{k} \begin{pmatrix} a & 1 & 0 \\ 0 & a & 0 \\ 0 & 0 & a \end{pmatrix} \\
&= \begin{pmatrix} a^k & ka^{k-1} & 0 \\ 0 & a^k & 0 \\ 0 & 0 & a^k \end{pmatrix} \begin{pmatrix} a & 1 & 0 \\ 0 & a & 0 \\ 0 & 0 & a \end{pmatrix} \\
&= \begin{pmatrix} a^{k+1} & (k+1)a^k & 0 \\ 0 & a^{k+1} & 0 \\ 0 & 0 & a^{k+1} \end{pmatrix}
\end{aligned}
$$

となり，与式は $n = k+1$ のときにも成り立つ．よって，与式はすべての自然数 n について成り立つ．

(5) (4) の結果から，$B^n = \begin{pmatrix} 1 & n & 0 \\ 0 & 1 & 0 \\ 0 & 0 & 1 \end{pmatrix}$ が成り立つ．また，$P^{-1} = \begin{pmatrix} -1 & -1 & 2 \\ 1 & 1 & -1 \\ -1 & 0 & 1 \end{pmatrix}$ である．したがって，

$$
A^n = PB^nP^{-1} = \begin{pmatrix} n+1 & n & -n \\ 0 & 1 & 0 \\ n & n & 1-n \end{pmatrix}
$$

付録 A　ベクトル空間

本書では基底は $(\boldsymbol{v}_1,\ \boldsymbol{v}_2)$ のように括弧でくくって表すが，ベクトルが列ベクトルで表されている場合には，みやすくするために，この解答に限って (　) を省略する．また，基底は例のみを示す．

A.1　(1) 部分空間でない．

(2) 部分空間である．

A.2　(1) 基底は $\begin{pmatrix} 2 \\ 1 \\ -3 \end{pmatrix}$，$\dim W = 1$

(2) 基底は $\begin{pmatrix} 1 \\ 1 \\ 0 \end{pmatrix}$，$\begin{pmatrix} 2 \\ 0 \\ 1 \end{pmatrix}$，$\dim W = 2$

A.3　(1) 基底は $\begin{pmatrix} -1 \\ 1 \\ 1 \end{pmatrix}$, $\dim W = 1$

(2) 基底は $\begin{pmatrix} -3 \\ 1 \\ 1 \\ 0 \end{pmatrix}$, $\begin{pmatrix} -1 \\ -2 \\ 0 \\ 1 \end{pmatrix}$, $\dim W = 2$

A.4　(1) 基底は $\begin{pmatrix} 2 \\ -3 \end{pmatrix}$，1 次元

(2) 基底は $\begin{pmatrix} -2 \\ 4 \\ 5 \end{pmatrix}$, $\begin{pmatrix} 3 \\ 1 \\ -2 \end{pmatrix}$，2 次元

A.5　(1) 核の基底は $\begin{pmatrix} -3 \\ 2 \\ 1 \end{pmatrix}$, $\dim \mathrm{Ker}(f) = 1$,

像の基底は $\begin{pmatrix} 2 \\ -5 \\ 3 \end{pmatrix}$, $\begin{pmatrix} 1 \\ -3 \\ 4 \end{pmatrix}$,

$\dim \mathrm{Im}(f) = 2$

(2) 核の基底は $\begin{pmatrix} -1 \\ 2 \\ 1 \\ 0 \end{pmatrix}$, $\begin{pmatrix} -2 \\ -1 \\ 0 \\ 1 \end{pmatrix}$,

$\dim \mathrm{Ker}(f) = 2$，像の基底は $\begin{pmatrix} 3 \\ 1 \\ 0 \\ -2 \end{pmatrix}$，$\begin{pmatrix} 2 \\ -1 \\ 2 \\ 3 \end{pmatrix}$，$\dim \mathrm{Im}(f) = 2$

A.6　(1) 表現行列に行の基本変形を行うと，

$$\begin{pmatrix} 1 & -2 & -1 \\ 9 & -7 & -7 \\ 12 & -13 & -10 \end{pmatrix} \sim \begin{pmatrix} 1 & 0 & -\frac{7}{11} \\ 0 & 1 & \frac{2}{11} \\ 0 & 0 & 0 \end{pmatrix}$$

となる．よって，核の次元は 1 で，基底は $\begin{pmatrix} 7 \\ -2 \\ 11 \end{pmatrix}$ である．また，像の次元は 2 で，基底は $\begin{pmatrix} 1 \\ 9 \\ 12 \end{pmatrix}$，$\begin{pmatrix} -2 \\ -7 \\ -13 \end{pmatrix}$ である．

(2) 表現行列に行の基本変形を行うと，

$$\begin{pmatrix} -3 & -5 & -6 & 7 \\ 5 & 2 & -7 & -4 \\ 2 & -3 & -13 & 3 \\ 8 & 7 & -1 & -11 \end{pmatrix} \sim \begin{pmatrix} 1 & 0 & -\frac{47}{19} & -\frac{6}{19} \\ 0 & 1 & \frac{51}{19} & -\frac{23}{19} \\ 0 & 0 & 0 & 0 \\ 0 & 0 & 0 & 0 \end{pmatrix}$$

となる．よって，核の次元は 2 で，基底は $\begin{pmatrix} 47 \\ -51 \\ 19 \\ 0 \end{pmatrix}$，$\begin{pmatrix} 6 \\ 23 \\ 0 \\ 19 \end{pmatrix}$ である．また，像の次元は 2 で，基底は $\begin{pmatrix} -3 \\ 5 \\ 2 \\ 8 \end{pmatrix}$，$\begin{pmatrix} -5 \\ 2 \\ -3 \\ 7 \end{pmatrix}$ である．

(3) 表現行列に行の基本変形を行うと，

$$\begin{pmatrix} 1 & 1 & 0 & 0 \\ 0 & 1 & 1 & 0 \\ 0 & 0 & 1 & 1 \end{pmatrix} \sim \begin{pmatrix} 1 & 0 & 0 & 1 \\ 0 & 1 & 0 & -1 \\ 0 & 0 & 1 & 1 \end{pmatrix}$$

となる．よって，核の次元は 1 で，基底は $\begin{pmatrix} -1 \\ 1 \\ -1 \\ 1 \end{pmatrix}$ である．また，像の次元は 3 で，基底は $\begin{pmatrix} 1 \\ 0 \\ 0 \end{pmatrix}$，$\begin{pmatrix} 1 \\ 1 \\ 0 \end{pmatrix}$，$\begin{pmatrix} 0 \\ 1 \\ 1 \end{pmatrix}$ である．

A.7　(1) $x\begin{pmatrix} 1 & 1 \\ -1 & -1 \end{pmatrix} + y\begin{pmatrix} 1 & -1 \\ 1 & -1 \end{pmatrix} + z\begin{pmatrix} 1 & 0 \\ 0 & -1 \end{pmatrix} = \begin{pmatrix} 0 & 0 \\ 0 & 0 \end{pmatrix}$ とすると，

$$\begin{pmatrix} x+y+z & x-y \\ -x+y & -x-y-z \end{pmatrix} = \begin{pmatrix} 0 & 0 \\ 0 & 0 \end{pmatrix}$$

から，$\begin{cases} x+y+z = 0 \\ x-y = 0 \\ -x+y = 0 \\ -x-y-z = 0 \end{cases}$ となる．これを解くと，$x = t$, $y = t$, $z = -2t$（t は任意の実数）となる．$t = 1$ のとき，$x = 1$, $y = 1$, $z = -2$ であるから，$\begin{pmatrix} 1 & 1 \\ -1 & -1 \end{pmatrix} + \begin{pmatrix} 1 & -1 \\ 1 & -1 \end{pmatrix} - 2\begin{pmatrix} 1 & 0 \\ 0 & -1 \end{pmatrix} = \begin{pmatrix} 0 & 0 \\ 0 & 0 \end{pmatrix}$ が成り立つ．したがって，線形従属である．

(2) $x\begin{pmatrix} 1 & 0 \\ 0 & 0 \end{pmatrix} + y\begin{pmatrix} 0 & 1 \\ 0 & 0 \end{pmatrix} + z\begin{pmatrix} 0 & 0 \\ 1 & 0 \end{pmatrix} + w\begin{pmatrix} 0 & 0 \\ 0 & 1 \end{pmatrix} = \begin{pmatrix} 0 & 0 \\ 0 & 0 \end{pmatrix}$ とすると，$\begin{pmatrix} x & y \\ z & w \end{pmatrix} = \begin{pmatrix} 0 & 0 \\ 0 & 0 \end{pmatrix}$ から，$x = y = z = w = 0$ となる．

よって，$\boldsymbol{e}_1, \boldsymbol{e}_2, \boldsymbol{e}_3, \boldsymbol{e}_4$ は線形独立である．

また，V の任意の元 $\boldsymbol{v} = \begin{pmatrix} a & b \\ c & d \end{pmatrix}$ は，$\boldsymbol{v} = a\boldsymbol{e}_1 + b\boldsymbol{e}_2 + c\boldsymbol{e}_3 + d\boldsymbol{e}_4$ と表すことが

できる．したがって，$(\boldsymbol{e}_1,\ \boldsymbol{e}_2,\ \boldsymbol{e}_3,\ \boldsymbol{e}_4)$ は V の基底である．

A.8 $f\left(\begin{pmatrix} x \\ y \\ z \end{pmatrix}\right) = \begin{pmatrix} x+y \\ y+z \end{pmatrix} = \begin{pmatrix} 1 & 1 & 0 \\ 0 & 1 & 1 \end{pmatrix}\begin{pmatrix} x \\ y \\ z \end{pmatrix}$

であるから，求める行列は $\begin{pmatrix} 1 & 1 & 0 \\ 0 & 1 & 1 \end{pmatrix}$

A.9 (1) $\mathbb{R}^3$ のベクトル $\boldsymbol{v} = \begin{pmatrix} a \\ b \\ c \end{pmatrix}$ を任意にとり，x, y, z についての方程式

$$x\boldsymbol{a}_1 + y\boldsymbol{a}_2 + z\boldsymbol{a}_3 = \boldsymbol{v} \qquad \cdots ①$$

を考え，これを

$$\begin{pmatrix} 1 & 1 & 0 \\ -1 & 1 & 1 \\ 0 & 1 & -1 \end{pmatrix}\begin{pmatrix} x \\ y \\ z \end{pmatrix} = \begin{pmatrix} a \\ b \\ c \end{pmatrix} \quad \cdots ②$$

とかく．係数行列を A として，A に行の基本変形を行うと，

$$\begin{pmatrix} 1 & 1 & 0 \\ -1 & 1 & 1 \\ 0 & 1 & -1 \end{pmatrix} \sim \begin{pmatrix} 1 & 0 & 0 \\ 0 & 1 & 0 \\ 0 & 0 & 1 \end{pmatrix}$$

となるから，A の階数は 3 である．したがって，任意の $\boldsymbol{v}$ について，連立方程式②はただ 1 つの解をもつので，①を満たす x, y, z はただ 1 組存在する．

$\boldsymbol{v} = \boldsymbol{0}$ とき，①を満たす x, y, z は $x = y = z = 0$ しかない．したがって，$\boldsymbol{a}_1, \boldsymbol{a}_2, \boldsymbol{a}_3$ は線形独立である．

また，$\mathbb{R}^3$ の任意のベクトル $\boldsymbol{v}$ に対して，①を満たす実数 x, y, z があるから，$\boldsymbol{v}$ を $\boldsymbol{a}_1, \boldsymbol{a}_2, \boldsymbol{a}_3$ の線形結合で表すことができる．

以上のことから，$(\boldsymbol{a}_1,\ \boldsymbol{a}_2,\ \boldsymbol{a}_3)$ は $\mathbb{R}^3$ の基底である．

(2) $T(\boldsymbol{a}_1) = \begin{pmatrix} -1 \\ 0 \end{pmatrix}$，$T(\boldsymbol{a}_2) = \begin{pmatrix} 9 \\ 1 \end{pmatrix}$，$T(\boldsymbol{a}_3) = \begin{pmatrix} -1 \\ 2 \end{pmatrix}$ であるから，与えられた条件式は，

$$\begin{pmatrix} -1 & 9 & -1 \\ 0 & 1 & 2 \end{pmatrix} = \begin{pmatrix} 1 & 1 \\ 2 & 0 \end{pmatrix} A$$

となる．行列 $\begin{pmatrix} 1 & 1 \\ 2 & 0 \end{pmatrix}$ は正則であるから，両辺の左からこの行列の逆行列をかけて，

$$A = \begin{pmatrix} 1 & 1 \\ 2 & 0 \end{pmatrix}^{-1}\begin{pmatrix} -1 & 9 & -1 \\ 0 & 1 & 2 \end{pmatrix}$$

$$= \frac{1}{2}\begin{pmatrix} 0 & 1 & 2 \\ -2 & 17 & -4 \end{pmatrix}$$

A.10 集合 B が集合 A の部分集合であることを $B \subset A$ と表す．k を自然数とする．任意の $\boldsymbol{x} \in \mathbb{R}^n$ について，$f^{k+1}(\boldsymbol{x}) = f^k(f(\boldsymbol{x}))$ であるから，$\mathrm{Im}f^{k+1} \subset \mathrm{Im}f^k$ が成り立つ．したがって，

$$\mathrm{Im}f \supset \mathrm{Im}f^2 \supset \mathrm{Im}f^3 \supset \mathrm{Im}f^4 \supset \cdots$$

である．この関係において，$\mathrm{Im}f^{k+1} = \mathrm{Im}f^k$ であればこれらの次元は等しく，$\mathrm{Im}f^{k+1} \neq \mathrm{Im}f^k$ であれば $\mathrm{Im}f^{k+1}$ の次元は $\mathrm{Im}f^k$ の次元より小さい．$\mathrm{Im}f$ の次元は n 以下であるから，$\mathrm{Im}f^{k+1} \neq \mathrm{Im}f^k$ を満たす k は有限個しかない．したがって，$\mathrm{Im}f^m = \mathrm{Im}f^{m+1}$ を満たす自然数 m が存在する．

A.11 $\boldsymbol{b}_1 = \boldsymbol{a}_2 + \boldsymbol{a}_3$, $\boldsymbol{b}_2 = \boldsymbol{a}_3 + \boldsymbol{a}_1$, $\boldsymbol{b}_3 = \boldsymbol{a}_1 + \boldsymbol{a}_2$ を $\boldsymbol{a}_1, \boldsymbol{a}_2, \boldsymbol{a}_3$ について解くと，

$$\boldsymbol{a}_1 = \frac{1}{2}(\boldsymbol{b}_2 + \boldsymbol{b}_3 - \boldsymbol{b}_1),$$

$$\boldsymbol{a}_2 = \frac{1}{2}(\boldsymbol{b}_3 + \boldsymbol{b}_1 - \boldsymbol{b}_2),$$

$$\boldsymbol{a}_3 = \frac{1}{2}(\boldsymbol{b}_1 + \boldsymbol{b}_2 - \boldsymbol{b}_3)$$

となる．

V の任意の元 $\boldsymbol{v}$ をとると，$(\boldsymbol{a}_1, \boldsymbol{a}_2, \boldsymbol{a}_3)$ は V の基底であるから，$\boldsymbol{v} = c_1\boldsymbol{a}_1 + c_2\boldsymbol{a}_2 + c_3\boldsymbol{a}_3$ となる実数 c_1, c_2, c_3 が存在する．上の結果から，

$$\boldsymbol{v} = \frac{c_1}{2}(\boldsymbol{b}_2 + \boldsymbol{b}_3 - \boldsymbol{b}_1) + \frac{c_2}{2}(\boldsymbol{b}_3 + \boldsymbol{b}_1 - \boldsymbol{b}_2) + \frac{c_3}{2}(\boldsymbol{b}_1 + \boldsymbol{b}_2 - \boldsymbol{b}_3)$$

$$= \frac{c_2 + c_3 - c_1}{2}\boldsymbol{b}_1 + \frac{c_3 + c_1 - c_2}{2}\boldsymbol{b}_2 + \frac{c_1 + c_2 - c_3}{2}\boldsymbol{b}_3$$

となる．よって，V の任意の元 $\boldsymbol{v}$ は $\boldsymbol{b}_1, \boldsymbol{b}_2, \boldsymbol{b}_3$ の線形結合で表すことができる．

次に，c_1, c_2, c_3 を実数として，$c_1\boldsymbol{b}_1 + c_2\boldsymbol{b}_2 + c_3\boldsymbol{b}_3 = \boldsymbol{0}$ とする．このとき，

$$c_1(\boldsymbol{a}_2+\boldsymbol{a}_3)+c_2(\boldsymbol{a}_3+\boldsymbol{a}_1)+c_3(\boldsymbol{a}_1+\boldsymbol{a}_2)=\boldsymbol{0}$$

から，

$$(c_2+c_3)\boldsymbol{a}_1+(c_3+c_1)\boldsymbol{a}_2+(c_1+c_2)\boldsymbol{a}_3=\boldsymbol{0}$$

となり，$\boldsymbol{a}_1, \boldsymbol{a}_2, \boldsymbol{a}_3$ が線形独立であることから，

$$c_2+c_3=0, \quad c_3+c_1=0, \quad c_1+c_2=0$$

となる．この解は $c_1=c_2=c_3=0$ であるから，$\boldsymbol{b}_1, \boldsymbol{b}_2, \boldsymbol{b}_3$ が線形独立である．したがって，$(\boldsymbol{b}_1, \boldsymbol{b}_2, \boldsymbol{b}_3)$ は V の基底である．

付録 B　補遺

B.1　(1) $x^2-\dfrac{y^2}{2}=1$ または $-\dfrac{1}{2}x^2+y^2=1$，双曲線

(2) $x^2+\dfrac{y^2}{6}=1$ または $\dfrac{1}{6}x^2+y^2=1$，楕円

B.2　$A=\begin{pmatrix} 5 & -13 \\ -13 & 5 \end{pmatrix}$，$\boldsymbol{x}=\begin{pmatrix} x \\ y \end{pmatrix}$ とおくと，与えられた 2 次曲線は ${}^t\boldsymbol{x}A\boldsymbol{x}=-72 \cdots$ ① と表すことができる．対称行列 A の固有値と固有ベクトルは，

$$\lambda_1=-8, \qquad \boldsymbol{p}_1=s\begin{pmatrix} 1 \\ 1 \end{pmatrix};$$

$$\lambda_2=18, \qquad \boldsymbol{p}_2=t\begin{pmatrix} -1 \\ 1 \end{pmatrix}$$

である．$P=\begin{pmatrix} \frac{1}{\sqrt{2}} & -\frac{1}{\sqrt{2}} \\ \frac{1}{\sqrt{2}} & \frac{1}{\sqrt{2}} \end{pmatrix}$ おくと，P は直交行列であり，原点のまわりに角 $\dfrac{\pi}{4}$ だけ回転する線形変換の表現行列である．A を P によって対角化すると，${}^tPAP=D$ となる．ただし，$D=\begin{pmatrix} -8 & 0 \\ 0 & 18 \end{pmatrix}$ である．

$\boldsymbol{x}'={}^tP\boldsymbol{x}$ によって座標変換をする．$\boldsymbol{x}=P\boldsymbol{x}'$ を ① に代入すると，${}^t(P\boldsymbol{x}')A(P\boldsymbol{x})=-72$ から ${}^t\boldsymbol{x}'D\boldsymbol{x}'=-72$，すなわち $-8x'^2+18y'^2=-72$ が得られる．これは，双曲線 $\dfrac{x'^2}{9}-\dfrac{y'^2}{4}=1$ である．したがって，2 次曲線 ① は，双曲線 $\dfrac{x^2}{9}-\dfrac{y^2}{4}=1$ を原点のまわりに角 $\dfrac{\pi}{4}$ だけ回転したものである．

別解　$P=\begin{pmatrix} \frac{1}{\sqrt{2}} & \frac{1}{\sqrt{2}} \\ -\frac{1}{\sqrt{2}} & \frac{1}{\sqrt{2}} \end{pmatrix}$ とおいて，A を直交行列 P によって対角化する場合は，${}^tPAP=D$, $D=\begin{pmatrix} 18 & 0 \\ 0 & -8 \end{pmatrix}$ であり，P は原点のまわりに角 $-\dfrac{\pi}{4}$ だけ回転する線形変換の表現行列である．この場合は，$\boldsymbol{x}'={}^tP\boldsymbol{x}$ によって座標変換をすると，$18x'^2-8y'^2=-72$ が得られるので，2 次曲線 ① は，双曲線 $\dfrac{x^2}{4}-\dfrac{y^2}{9}=-1$ を原点のまわりに角 $-\dfrac{\pi}{4}$ だけ回転したものとなる．

B.3　$A=\begin{pmatrix} 2 & 3 & -2 \\ 3 & 1 & -2 \\ 2 & -2 & -3 \end{pmatrix}$，$\boldsymbol{x}=\begin{pmatrix} x \\ y \\ z \end{pmatrix}$，$\boldsymbol{b}=\begin{pmatrix} 2 \\ -3 \\ -9 \end{pmatrix}$ とおき，与えられた連立 1 次方程式を $A\boldsymbol{x}=\boldsymbol{b}$ と表す．A の第 j 列を $\boldsymbol{b}$ に置き換えた行列を A_j とすると，

$$|A|=17, \quad |A_1|=-17,$$

$$|A_2|=34, \quad |A_3|=17$$

であるから，クラーメルの公式により，

$$x=\frac{|A_1|}{|A|}=\frac{-17}{17}=-1,$$

$$y=\frac{|A_2|}{|A|}=\frac{34}{17}=2,$$

$$z=\frac{|A_3|}{|A|}=\frac{17}{17}=1$$

となる．

B.4 (1) $\begin{pmatrix} x \\ y \end{pmatrix} = \begin{pmatrix} \cos\theta & \sin\theta \\ -\sin\theta & \cos\theta \end{pmatrix} \begin{pmatrix} x' \\ y' \end{pmatrix}$

$$= \begin{pmatrix} \cos\theta \cdot x' + \sin\theta \cdot y' \\ -\sin\theta \cdot x' + \cos\theta \cdot y' \end{pmatrix}$$

を $ax^2 + bxy + cy^2 = 1$ に代入して整理し，x', y' をそれぞれ x, y に置き換えると，像の方程式は

$$(a\cos^2\theta - b\sin\theta\cos\theta + c\sin^2\theta)x^2$$
$$+\left\{2(a-c)\sin\theta\cos\theta + b(\cos^2\theta - \sin^2\theta)\right\}xy$$
$$+(a\sin^2\theta + b\sin\theta\cos\theta + c\cos^2\theta)y^2 = 1 \quad \cdots ①$$

となる．これが $px^2 + qy^2 = 1$ の形となるのは，xy の係数が 0 のときであるから，

$$2(a-c)\sin\theta\cos\theta + b(\cos^2\theta - \sin^2\theta) = 0$$

のときである．2 倍角の公式によって，これは $(a-c)\sin 2\theta + b\cos 2\theta = 0$ となる．

(2) 回転する角を θ とすると，(1) の結果から，$2\sin 2\theta - 2\sqrt{3}\cos 2\theta = 0$ であるから，$\tan 2\theta = \sqrt{3}$ となる．条件 $0 \leqq \theta \leqq \dfrac{\pi}{2}$ より $0 \leqq 2\theta \leqq \pi$ であるから，$2\theta = \dfrac{\pi}{3}$，よって $\theta = \dfrac{\pi}{6}$ となる．

$a = 5,\ b = -2\sqrt{3},\ c = 3,\ \cos\theta = \dfrac{\sqrt{3}}{2}$，$\sin\theta = \dfrac{1}{2}$ であるから，

$$a\cos^2\theta - b\sin\theta\cos\theta + c\sin^2\theta = 6,$$
$$a\sin^2\theta + b\sin\theta\cos\theta + c\cos^2\theta = 2$$

となる．したがって，①は $6x^2 + 2y^2 = 1$ となるので，与えられた 2 次曲線の形は楕円である．

B.5 $Q(\boldsymbol{p})$ は 2 次形式 ${}^t\boldsymbol{p}A\boldsymbol{p}$ と同じであることに注意する．

(1) 固有値と固有ベクトルは，$\lambda_1 = 5$，$\boldsymbol{p}_1 = s\begin{pmatrix} 1 \\ 1 \end{pmatrix}$； $\lambda_2 = -1$, $\boldsymbol{p}_2 = t\begin{pmatrix} -1 \\ 1 \end{pmatrix}$ である（s, t は任意の実数）．

(2) $\boldsymbol{p}' = \begin{pmatrix} x' \\ y' \end{pmatrix}$ とする．直交行列 $P = \dfrac{1}{\sqrt{2}}\begin{pmatrix} 1 & -1 \\ 1 & 1 \end{pmatrix}$ によって，$\boldsymbol{p} = P\boldsymbol{p}'$ と変換すれば，

$$Q(\boldsymbol{p}) = 5(x')^2 - (y')^2$$

となる．P は直交行列であるから，$\boldsymbol{p}\cdot\boldsymbol{p} = 1$ であることと，$\boldsymbol{p}'\cdot\boldsymbol{p}' = 1$ であることは同値である．したがって，$\boldsymbol{p}' = \begin{pmatrix} \pm 1 \\ 0 \end{pmatrix}$ のとき，すなわち，$\boldsymbol{p} = \begin{pmatrix} \pm\dfrac{1}{\sqrt{2}} \\ \pm\dfrac{1}{\sqrt{2}} \end{pmatrix}$（複号同順）のとき，$Q(\boldsymbol{p})$ は最大値 5 をとり，$\boldsymbol{p}' = \begin{pmatrix} 0 \\ \pm 1 \end{pmatrix}$ のとき，すなわち，$\boldsymbol{p} = \begin{pmatrix} \pm\dfrac{1}{\sqrt{2}} \\ \mp\dfrac{1}{\sqrt{2}} \end{pmatrix}$（複号同順）のとき，$Q(\boldsymbol{p})$ は最小値 -1 をとる．

B.6 $\boldsymbol{p} = \begin{pmatrix} x \\ y \end{pmatrix}$, $A = \begin{pmatrix} 5 & -\sqrt{3} \\ -\sqrt{3} & 3 \end{pmatrix}$ とおくと，与えられた 2 次曲線の方程式は

$${}^t\boldsymbol{p}A\boldsymbol{p} = 18 \qquad \cdots ①$$

と表すことができる．A の固有値と固有ベクトルは，$\lambda_1 = 2,\ \boldsymbol{p}_1 = s\begin{pmatrix} 1 \\ \sqrt{3} \end{pmatrix}$; $\lambda_2 = 6$, $\boldsymbol{p}_2 = t\begin{pmatrix} -\sqrt{3} \\ 1 \end{pmatrix}$ である（$s,\ t$ は任意の実数）．

$$P = \begin{pmatrix} \dfrac{1}{2} & -\dfrac{\sqrt{3}}{2} \\ \dfrac{\sqrt{3}}{2} & \dfrac{1}{2} \end{pmatrix},\ D = \begin{pmatrix} 2 & 0 \\ 0 & 6 \end{pmatrix},$$

$\boldsymbol{p}' = \begin{pmatrix} x' \\ y' \end{pmatrix}$ とおき，$\boldsymbol{p} = P\boldsymbol{p}'$ とすれば，①は ${}^t\boldsymbol{p}'D\boldsymbol{p}' = 18$，すなわち，$2(x')^2 + 6(y')^2 = 18$ となる．したがって，求める標準形は，$x^2 + 3y^2 = 9$ または $3x^2 + y^2 = 9$

監修者　上野　健爾　京都大学名誉教授・四日市大学関孝和数学研究所長
理学博士

編　者　高専の数学教材研究会

編集委員（五十音順）
阿蘇　和寿　石川工業高等専門学校名誉教授［執筆代表］
梅野　善雄　一関工業高等専門学校名誉教授
佐藤　義隆　東京工業高等専門学校名誉教授
長水　壽寛　福井工業高等専門学校教授
馬渕　雅生　八戸工業高等専門学校教授
柳井　忠　新居浜工業高等専門学校教授

執筆者（五十音順）
阿蘇　和寿　石川工業高等専門学校名誉教授
梅野　善雄　一関工業高等専門学校名誉教授
大貫　洋介　鈴鹿工業高等専門学校准教授
小原　康博　熊本高等専門学校名誉教授
片方　江　東北学院大学准教授
勝谷　浩明　豊田工業高等専門学校教授
栗原　博之　茨城大学准教授
古城　克也　新居浜工業高等専門学校教授
小中澤聖二　東京工業高等専門学校教授
小鉢　暢夫　熊本高等専門学校准教授
小林　茂樹　長野工業高等専門学校教授
佐藤　巌　小山工業高等専門学校名誉教授
佐藤　直紀　長岡工業高等専門学校准教授
佐藤　義隆　東京工業高等専門学校名誉教授
高田　功　明石工業高等専門学校教授
徳一　保生　北九州工業高等専門学校名誉教授
冨山　正人　石川工業高等専門学校教授
長岡　耕一　旭川工業高等専門学校名誉教授
中谷　実伸　福井工業高等専門学校教授
長水　壽寛　福井工業高等専門学校教授
波止元　仁　東京工業高等専門学校准教授
松澤　寛　神奈川大学教授
松田　修　津山工業高等専門学校教授
馬渕　雅生　八戸工業高等専門学校教授
宮田　一郎　元金沢工業高等専門学校教授
森田　健二　石川工業高等専門学校教授
森本　真理　秋田工業高等専門学校准教授
安冨　真一　東邦大学教授
柳井　忠　新居浜工業高等専門学校教授
山田　章　長岡工業高等専門学校教授
山本　茂樹　茨城工業高等専門学校名誉教授
渡利　正弘　芝浦工業大学特任准教授/クアラルンプール大学講師

（所属および肩書きは 2022 年 12 月現在のものです）

編集担当　太田陽喬（森北出版）
編集責任　上村紗帆（森北出版）
組　　版　ウルス
印　　刷　創栄図書印刷
製　　本　　同

高専テキストシリーズ
線形代数問題集（第2版）

2012年11月29日　第1版第1刷発行
2021年3月20日　第1版第11刷発行
2021年12月22日　第2版第1刷発行
2023年3月10日　第2版第2刷発行

編　　者　高専の数学教材研究会
発 行 者　森北博巳
発 行 所　森北出版株式会社
東京都千代田区富士見 1–4–11（〒102–0071）
電話 03–3265–8341 ／ FAX 03–3264–8709
https://www.morikita.co.jp/
日本書籍出版協会·自然科学書協会　会員
JCOPY ＜（一社）出版者著作権管理機構　委託出版物＞

落丁·乱丁本はお取替えいたします.

Printed in Japan／ISBN978–4–627–05602–2